Avances de Investigación en Nanociencias, Micro y Nanotecnologías

Editores

Dr. Eduardo San Martin Martinez •
Coordinador de la Red RNMN - IPN 2018 a 2020

Dr. Marco Antonio Ramírez Salinas •
Coordinador de la Red RNMN – IPN 2015 a 2017

España
OmniaScience

Avances de investigación en Nanociencias, Micro y Nanotecnologías

Editores: Dr. Eduardo San Martin Martinez, Coordinador de la Red RNMN - IPN 2018 a 2020
Dr. Marco Antonio Ramírez Salinas, Coordinador de la Red RNMN - IPN 2015 a 2017

ISBN: 978-84-120643-5-3
DOI: https://doi.org/10.3926/oms.401

OmniaScience

ÍNDICE

El Instituto Politécnico Nacional IPN, es una institución pública rectora de la investigación y educación tecnológica de México, fundada en 1936. Cuenta con una matrícula activa de 178,492 estudiantes, con un ingreso de 40,204 y un egreso de 30,327 estudiantes en los niveles medio superior con 51 programas académicos, superior con 61 programas académicos y posgrado con 150 programas académicos en cada ciclo escolar. El IPN tiene presencia en Ciudad de México, Estado de México, Guanajuato, Hidalgo y Zacatecas para el nivel medio superior con una matrícula de 60,962 estudiantes, para el nivel superior con una matrícula de 110,544 estudiantes y para nivel posgrado con una matrícula de 5,080 estudiantes. Tiene también presencia en entidades como Baja california(CITEDI, CICIMAR), Ciudad de México (CIC, CICATA, CIDETEC, CMP+L, CITEC, CIEMAD, CIECAS) Durango (CIIDIR), Michoacán (CIIDIR), Morelos (CE-PROBI), Oaxaca (CIIDIR), Querétaro (CICATA), Sinaloa (CIIDIR), Tabasco (CRP+L), Tamaulipas (CICATA Altamira, CBG) y Tlaxcala(CIBA), a través de centros de investigación científica y tecnológica con programas de posgrado con una matrícula de 6,986 estudiantes y 1,145 profesores investigadores miembros del sistema nacional de investigadores SNI del Consejo Nacional de Ciencia y Tecnología CONACyT.

Cada una de estas escuelas o unidades de investigación cuenta con grupos de investigación pequeños que han tomado como retos de investigación áreas que tienen como fin último impactar con sus aportes al desarrollo de las nuevas tecnologías. El IPN a través de la Secretaria de Investigación y Posgrado SIP ha organizado el quehacer de estos grupos como nodos de las redes de investigación y posgrado. A la fecha la SIP del IPN cuenta con nueve redes: Biotecnología,

Medioambiente, Nanociencias Micro y Nanotecnologías, Computación, Energía, Desarrollo Económico, Salud, Robótica y Mecatrónica, y Telecomunicaciones.

La Red de Investigación en Nanociencias, Micro y Nanotecnologías RNMNT, fue creada en 2009. La membrecía de la red a diciembre de 2017 es de 93 investigadores activos, adscritos a escuelas y centros de investigación antes mencionados, 79 de estos profesores pertenecen al Sistema Nacional de Investigadores SNI, cuenta con un programa de Doctorado en Red en Nanociencias, Micro y Nanotecnologías y cuenta con un Centro de Servicios en Nanociencias Micro y Nanotecnologías CNMN con un par de laboratorios nacionales CONACyT uno especializado en caracterización de materiales y el otro especializado en micro y nanofabricación de dispositivos micro-electro-mecánicos MEMS. A su interior la RNMNT se ha organizado en cinco grupos de aplicación de las Nanociencias, Micro y nanotecnologías alineadas al Programa Especial de Ciencia, Tecnología e Innovación PECITI del CONACyT: *Salud, Energía, Alimentos, Medioambiente y Seguridad.* Se puede considerar que la RNMNT del IPN reúne los requisitos suficientes en cuanto a calidad y pertinencia para ser una red de investigación y educación de posgrado de gran impacto en la construcción de un México más competitivo y que en el mediano plazo alcanzará el perfil de una red de innovación.

AVANCES DE INVESTIGACIÓN EN: Nanociencias, Micro y Nanotecnologías, plasma en cinco capítulos la actividad de grupos multidisciplinarios de investigación de la RNMNT quienes proponen y esbozan soluciones a algunos retos de la problemática nacional. En el **Capítulo 1: Salud**, el *Dr. Eduardo San Martín* y colegas, presentan avances de estudios de la efectividad de nanotransportadores de fármacos anticancerígenos, en cáncer de mama. Para poder dirigir estas nanopartículas hacia las células tumorales se propone la funcionalización con una molécula afín a las células neoplásicas, la aglutinina de soya (SBA), con la cual se realiza la unión de tipo ligando/receptor con los azúcares que forman parte de los receptores de la superficie de las células cancerígenas de este estudio, incluida la de cáncer de mama. en el **Capítulo 2: Alimentos**, *Grisel A. Flores Miranda* y colegas, presentan avances en el desarrollo de técnicas para encapsular componentes bioactivos en partículas nanométricas para la elaboración de nanoemulsiones y su caracterización fisicoquímica, el estudio tiene potencial de ayuda a la industria de alimentos y bebidas para el diseño de estos con liberación controlada de componentes bioactivos lipofílicos, en el **Capítulo 3: Energía**, *Martha Leticia Hernández* y colegas presentan avances en la preparación, síntesis y caracterización de materiales nanoestructurados (BixSey) para aplicaciones termoeléctricas, a partir de Cloruro de Bismuto ($BiCl_3$) y tetra Cloruro de Selenio ($SeCl_4$), *Marco A Ramírez* y colegas presentan un estudio para el modelado de los fenómenos físicos conocidos como efecto Peltier, Zibect, y Thomson y simulación multifísica mediante la técnica de elemento finito para dispositivos termoeléctricos a base de Telurio de Bismuto (Bi_2Te_3), el mismo modelo se evalúa para ser empleado en nuevos materiales. En el **Capítulo 4: Medioambiente**, *M. Suárez Quezada* y colegas, presentan avances en el desarrollo de fotocatalizadores integrando Cerio como separador de cargas en estructuras de hidróxidos dobles laminares (ZnAl) para el tratamiento eficiente de agua contaminada con compuestos orgánicos, por adsorción y fotodegradación por luz UV, *Sarai Cruz Leal* y colegas presentan avances en la valorización de nano residuos de Oxido de Tungsteno WO_3, provenientes de un proceso HFCVD por sus siglas en inglés *Hot Filament Chemical Vapor Deposition* para su recuperación y aprovechamiento como materiales adsorbentes de gases, catalizadores o fotodegradores de materia orgánica, finalmente en el **Capítulo 5: Seguridad**, *Iván Cortes Pliego* y colegas, presentan avances del estudio de los compósitos nano y micro estructurados de *Aloe Vera* y nanopartículas de TiO_2, dando resultados preliminares un sistema seguro para el manejo de nanopartículas de dióxido de titanio al contacto con la piel en posible uso para bloqueador solar del gel de *Aloe Vera*.

AVANCES DE INVESTIGACIÓN EN: Nanociencias, Micro y Nanotecnologías. Es el manuscrito de los avances en la investigación que los autores van desarrollando día con día en sus laboratorios y que en este corte, ha dado como resultado un libro útil para investigadores, académicos y estudiantes.

Dr. Marco A. Ramírez Salinas
Coordinador 2015-2017
RNMNT del IPN

EVALUACIÓN EN MODELOS IN VIVO DE LA EFECTIVIDAD DE NANOTRANSPORTADORES DE FÁRMACOS ANTICANCERÍGENOS EN EL TRATAMIENTO DE CÁNCER DE MAMA

Eduardo San Martín Martínez[1], Rocío Casañas Pimentel[1,2], Marco A. Ramírez Salinas[3], Exsal M. Albores Méndez[1]

[1]CICATA-IPN.
[2]CONACYT - Instituto Politécnico Nacional, Centro de Investigación en Ciencia Aplicada y Tecnología Avanzada.
[3]Centro de Investigación en Computación del IPN.

esanmartin@ipn.mx, rgcasanaspi@conacyt.mx, mars@cic.ipn.mx, albores_09@hotmail.com

https://doi.org/10.3926/oms.401.1

San Martín Martínez, E., Casañas Pimentel, R., Ramírez Salinas, M. A. & Albores Méndez E. M. (2020). Evaluación en modelos *in vivo* de la efectividad de nanotransportadores de fármacos anticancerígenos en el tratamiento de cáncer de mama. En E. San Martin Martinez, M. A. Ramírez Salinas (Eds.). *Avances de investigación en Nanociencias, Micro y Nanotecnologías. Barcelona, España:* OmniaScience. 11-43.

Resumen

El cáncer de mama es la primera causa de muerte en las mujeres de todo el mundo y las cifras van en aumento. La medicina está evolucionando atacando los tejidos cancerosos sin comprometer tejidos sanos a través de la terapia dirigida, un tratamiento de mayor eficacia, ya que el fármaco actúa directamente en las células tumorales. Con ayuda de la nanomedicina se han realizado estudios que reportan efectividad citotóxica de nanopartículas que contienen fármacos antineoplásicos en líneas celulares de cáncer y en células normales. Para poder dirigir estas nanopartículas es necesario vectorizarlas con una molécula que sea afín a las células neoplásicas de tejidos mamarios. La aglutinina de soya (SBA) es una proteína del frijol de soya que realiza unión de tipo ligando/receptor con azúcares que forman parte de los receptores de la superficie de las células de algunos tipos de cáncer, incluyendo al de mama. Fue realizada la bioconjugación de nanopartículas cargadas de fármacos anticancerosos con aglutinina de soya, de manera efectiva por 8 h a 4 °C. La bioconjugación del nanotransportador con la SBA permitió reducir los valores de IC_{50} para las líneas celulares MDA-MB-231 y MCF7. Fue desarrollado exitosamente un modelo murino de cáncer de mama con epítopes similares al cáncer de mama humano, triple negativo. Con los nanotransportadores funcionalizados cargados con fármacos que tienen el menor IC_{50} se realizarán los ensayos en modelos *in vivo* a los cuales se les ha inducido el cáncer de mama, evaluando el efecto en las zonas tumorales a través de imagenología con un sistema de análisis óptico de bioluminiscencia, fluorescencia y rayos X (IVIS Serie III). Para confirmar el efecto de los nanotransportadores con los fármacos se realizarán estudios histopatológicos de las zonas tumorales.

Palabras clave: Aglutinina de soya; Nanotransportadores; Cáncer de Mama; Nanomedicina; Nanoparticulas de plata.

1. Introducción

Cáncer, es un término empleado para designar a un conjunto de enfermedades que se pueden presentar en diversas partes del organismo, cuyas características básicas son: el crecimiento celular descontrolado y la acumulación de múltiples alteraciones genéticas. El cáncer constituye una de las principales causas de muerte. En el 2012, en el mundo se presentaron 14.1 millones de casos nuevos de cáncer y 8.2 millones de muertes derivadas de esta patología. Los tipos de cáncer que causan más muertes al año incluyen a los cánceres de pulmón, estómago, hígado, colon, próstata y mama [1].

El cáncer de mama es el tipo de cáncer más frecuente en la mujer, a nivel mundial [1]. En México, es un problema de salud pública de gran importancia, y es el cáncer ginecológico el que causa mayor número de muertes [2].

Existe una amplia gama de fármacos quimioterapéuticos que son activos en el cáncer de mama; para el tratamiento de primera línea se utilizan siempre los más potentes y seguros: los antraciclínicos (adriamicina y epirubicina) y los taxanos (paclitaxel y docetaxel). Desafortunadamente, la baja concentración del fármaco que alcanza los sitios tumorales, su rápida eliminación y su amplia distribución, hacen que las dosis terapéuticas de la terapia tradicional sean muy altas [3], lo que produce un envenenamiento sistémico, con efectos colaterales nocivos [2] que se manifiestan con náuseas y vómitos, anorexia, debilidad, cansancio, estomatitis, alopecia y fiebre, entre otros síntomas. Por otro lado, nuestro organismo es capaz de desarrollar resistencia a múltiples fármacos, lo que limita la efectividad del tratamiento. Finalmente, la mayoría de los fármacos antineoplásicos en la práctica clínica son de naturaleza apolar, por lo que su administración requiere del uso de solventes orgánicos, nocivos para el organismo. Debido a estas razones, diversos grupos de investigación a nivel internacional se encargan de desarrollar nuevos agentes quimioterapéuticos para el tratamiento del cáncer de mama [3].

La nanomedicina ha demostrado un potencial invaluable en el tratamiento del cáncer. Este conjunto de herramientas ha permitido disminuir los efectos adversos de la quimioterapia e incrementar la acumulación del fármaco en la vasculatura tumoral. Diversas nanopartículas han sido diseñadas en su tamaño óptimo y sus características superficiales para incrementar el tiempo de circulación en el torrente sanguíneo. Éstas son capaces de transportar a los fármacos hacia las células de cáncer mediante transporte pasivo, utilizando las características del microambiente tumoral, como el efecto de permeabilidad y retención incrementadas (EPR) [4], el cual se presenta debido a que los vasos sanguíneos en los tumores presentan una serie de modificaciones morfológicas y funcionales, dentro de las que destaca la falta de continuidad del epitelio vascular, dando lugar al paso de partículas con tamaños menores a los 600 nm; por otro lado, los vasos linfáticos se encuentran atrofiados, por lo que no les es posible drenar de manera adecuada el sitio tumoral [5]. Además del direccionamiento pasivo, actualmente se desarrollan estrategias de direccionamiento activo a través de ligandos o anticuerpos dirigidos a marcadores tumorales específicos, mejorando la especificidad de estas nanopartículas terapéuticas. Se sabe que las partículas biocompatibles con tamaño menor a 200 nm pasan desapercibidas por el sistema retículo-endotelial (RES), prolongando su tiempo de circulación [4].

En años recientes, se han desarrollado algunos nanotransportadores para el tratamiento del cáncer de mama. El paclitaxel fue nanoparticulado y direccionado con albúmina, adquiriendo el nombre comercial de Abraxane. Este medicamento está indicado para el tratamiento de cáncer de mama metastásico. La Doxorubicina fue encapsulada en liposomas, bajo el nombre comercial de Myocet, y está indicada para el cáncer de mama recurrente, y la misma Doxorubicina, encapsulada en liposomas PEGilados, se encuentra a la venta con el nombre de Doxil/Caelyx, también indicada para el cáncer de mama recurrente. Existen diversas moléculas que pueden ser empleadas para el direccionamiento activo de las nanopartículas poliméricas transportadoras de fármacos para el tratamiento del cáncer de mama. Dos importantes, que han sido explotadas con eficacia, son 1) la albúmina, que basa su función en la acumulación del fármaco en el sitio tumoral a través de la acción endocítica de la caveolina, y 2) el trastuzumav, anticuerpo monoclonal humanizado que se une de manera específica al receptor de HER2 [3]; sin embargo, no son los únicos medios para direccionar el efecto farmacológico al cáncer de mama. La aglutinina de soya (SBA, *soybean agglutinin)* es un candidato potencial para este trabajo.

La SBA es una glicoproteína tetramérica que reconoce de manera específica a la N-acetilgalactosamina y a la β-D-galactosa; aunque también se une a Ca^{2+} y a Mn^{2+}, en menor medida. Su punto isoeléctrico es cercano a 6.0. El diámetro hidrodinámico de la SBA es función, entre otras cosas, de la temperatura, la concentración y el pH. A pH cercano a 1, la SBA se desnaturaliza, mientras que entre 2 y 2.5 se encuentra en forma de monómero, con un diámetro hidrodinámico de 3 nm, pero que más allá de 2.5, la estructura tridimensional de la proteína es tetramérica, con un diámetro hidrodinámico cercano a los 4 nm, cuando se emplea una solución de 0.8 mg/ ml de buffer AGH10 (10 mM acetato/10 mM glicina/10 mM HEPES con 15 mM Ca^{2+}/Mn^{2+} y 154 mM NaCl) at 25°C [6].

La SBA ha mostrado tener un valor pronóstico en el cáncer de mama, ya que entre mayor es su afinidad por el tejido, el paciente tiene un peor pronóstico. Su interacción es, por tanto, un indicio de la malignidad tumoral, lo cual se debe a que el patrón de expresión de azúcares en la superficie de las células se ve afectado conforme aumenta el potencial metastásico de las mismas, ya que la interacción de la célula con la matriz extracelular está mediada fuertemente por las moléculas de superficie de membrana [7]. En un estudio realizado con 130 cortes histológicos de carcinoma mamario, se encontró que sólo el 5 % fueron completamente negativos a la interacción con SBA teñida con fluoresceína, mientras que las células madre hematopoyéticas (un tejido comprometido en la mayoría de los tratamientos quimioterapéuticos) fueron completamente negativas. El grupo demostró que la SBA se une a la superficie de las células MDA-MB-231 y las células MCF7, dos importantes líneas celulares de carcinoma mamario [8].

En los últimos años, varios grupos de investigación han sugerido el uso de las nanopartículas de plata para el tratamiento de cáncer. AshaRani *et al.* [9], evaluaron la toxicidad de nanopartículas de plata cubiertas con almidón en la línea celular de fibroblastos de pulmón humano (IMR-90) y en células de glioblastoma humano (U251), observando que las nanopartículas de plata redujeron el contenido celular de ATP, causando daño mitocondrial e incrementando la producción de ROS, ambos de manera dosis-dependiente, siendo el daño al ADN, más prominente en las células de cáncer. El tratamiento con nanopartículas causó paro del ciclo celular en la fase G(2)/M. Asimismo, Wu *et al.* [10] reportaron que las nanopartículas de plata con diámetro promedio de 6 nm, suprimen eficazmente la proliferación de células de leucemia humana (K562) en función de la dosis y el tiempo; sugiriendo su posible uso en la terapéutica del cáncer [10]. Por otro lado, Carlson *et al.* [11] evaluaron la interacción de nanopartículas de plata de 15, 30 y 55 nm en macrófagos alveolares, encontrando acumulación intracelular significativa a las 24 h de exposición con dosis altas de nanopartículas y disminución en la viabilidad al incrementar la dosis de nanopartículas de 15 y 30 nm (10-75 μg/mL). Los autores sugirieron que la toxicidad de las nanopartículas de plata es mediada por estrés oxidativo. Hsin *et al.* [12] reportaron que las nanopartículas de plata inducen apoptosis en fibroblastos NIH3T3 por la liberación del citocromo c en el citosol y la translocación de Bax (proteína perteneciente a la familia de

Bcl-2, reguladores de la apoptosis y del ciclo celular) a la mitocondria. La inducción de apoptosis se encontró asociada a la generación de ROS y la activación de JNK (Jun N-terminal kinase). En las células resistentes a las nanopartículas de plata HCT116, encontraron sobreexpresión de las proteínas antiapoptóticas; estos autores concluyeron que las nanopartículas de plata inducen apoptosis por la vía mitocondrial. Diversos agentes antineoplásicos fundamentan su acción vía apoptosis activada por la generación de ROS, entre ellos: la vinblastina, el cisplatino, la mitomicina C, la doxorrubicina, la camptotecina, la inostamicina y la neocarzinostatina [13].

Por lo anterior, el estudio de la factibilidad terapéutica de las nanopartículas de plata debería continuarse bajo condiciones de toxicidad dirigida al sitio de acción deseado, ya que la toxicidad de las nanopartículas de plata no es específica para las células de cáncer.

Existen múltiples métodos que permiten la síntesis de nanopartículas de plata, entre ellos se pueden mencionar: la reducción química de sales de plata, la reducción asistida por radiación, la reducción térmica o fotónica, la descomposición termal de compuestos de plata, la ruta verde y el método del poliol, entre otros [14]. El método del poliol consiste en la utilización del PEG y otros dioles para reducir la plata y dar lugar a la formación de nanopartículas. El PEG puede actuar como un agente reductor y estabilizante, en función de su peso molecular, entre mayor es éste, mayor es su actividad. Las partículas sintetizadas por este método son estables a temperatura ambiente por meses. Para la síntesis de nanopartículas de plata por este método, el incremento en la concentración del $AgNO_3$ favorece la cristalinidad y el aumento de tamaño de las nanopartículas de plata [15].

2. Materiales y métodos

2.1 Síntesis y caracterización de las nanopartículas de plata

Se llevó a cabo la síntesis de nanopartículas de plata por el método del poliol con algunas modificaciones al método reportado por Luo *et al.* [15]. Para ello, se adicionó a un matraz bola la cantidad de polietilenglicol (PEG) (Sigma-Aldrich) indicada en cada experimento, se llevó a la temperatura deseada y se adicionó la cantidad de $AgNO_3$ (Sigma-Aldrich) indicada en cada experimento. La reacción se mantuvo en agitación magnética el tiempo indicado.

Las nanopartículas de plata fueron disueltas en diclorometano, los espectros de absorción óptica de las soluciones de nanopartículas de plata fueron obtenidos en un intervalo de longitud de onda de 300-800nm, empleando un espectrofotómetro UV-Vis Cary de Varian. El tamaño de las nanopartículas de plata fue determinado por microscopia electrónica de transmisión (TEM, JEM-1010 JEOL Japan) sobre rejillas de cobre de malla 200 con recubrimiento de carbono.

2.2 Síntesis y caracterización de los nanotransportadores de nanopartículas de plata

La síntesis de los nanotransportadores fue desarrollada por autoensamble; para ello, diferentes concentraciones del PEG con las nanopartículas de plata se adicionaron a una solución acuosa al pH indicado para cada experimento. Posteriormente se homogeneizaron con vórtex por 30 s y se sometieron a baño ultrasónico durante 10 min. Las partículas se mantuvieron en maduración a temperatura ambiente durante el tiempo indicado en cada experimento. Los agregados grandes fueron eliminadas por filtración a 0.22 μm. En todos los casos, excepto en las pruebas *in vitro*, se ajustó el pH de la solución obtenida a fin de darle estabilidad a la solución. Las muestras fueron caracterizadas mediante TEM y dispersión de luz dinámica a 25 °C (DLS, Zetasizer, Malvern Instruments).

2.3 Bioconjugación del nanotransportador con la SBA comercial

La bioconjugación del nanotransportador y la SBA se realizó ajustando el pH de la solución de nanotransportadores a 5.8 y se adicionaron las cantidades de SBA disuelta en PBS pH 7.4 (1 mg/ml) indicadas para cada experimento, la reacción de conjugación se desarrolló a 4 °C durante 24 h. Los nanotransportadores conjugados fueron analizados mediante DLS y TEM.

2.4 Ensayos de citotoxicidad

Se emplearon para el estudio: las líneas celulares de adenocarcinoma mamario MDA-MB-231 (ATCC® HTB-26™) y MCF7 (ATCC® HTB-22™), así como la línea celular no tumorigénica MCF 10A (ATCC® CRL-10317™). Las líneas celulares MDA-MB-231 y MCF7 se cultivaron en medio Dulbecco's Modified Eagle Medium (DMEM, GIBCO), suplementado con 5 % de suero fetal bovino (FBS, Invitrogen) a pH 7.0, mientras que la línea celular MCF 10A fue cultivada en medio DMEM-F12 suplementado con 10 % de FBS, factor de crecimiento epidérmico (EGF, 100 mg/ml, Sigma), insulina (100 mg/ml, Sigma) e hidrocortisona (1 mg/ml, Sigma). Los cultivos se mantuvieron en incubación a 37 °C en atmósfera controlada al 5 % de CO_2.

Para los estudios de toxicidad de los nanotransportadores no conjugados se pesó la cantidad necesaria de PEG con nanopartículas de plata requerida para cada experimento y se disolvió en medio de cultivo, el autoensamble y la homogeneización de las partículas se realizaron mediante vortexeo por 30 s y el pase de la solución en una jeringa de insulina 10 veces; la solución obtenida fue filtrada en esterilidad con filtro de 0.22 µm y aplicada a las células previamente sembradas en placas de 96 pozos, como se indica más adelante. Se probaron en las tres líneas celulares, cuatro dosis de nanotransportadores de nanopartículas de plata (0.0008 g/ml; 0.0040 g/ml; 0.0200 g/ml; y 0.1000 g/ml). En la Tabla 1 se indica la concentración de plata y de PEG para cada tratamiento; para realizar estos estudios se emplearon como controles: PEG 8000 Da, paclitaxel 0.293 µM (control +) y células sin tratamiento (control -).

Tabla 1. Composición de las muestras de PEG y PEG con nanopartículas de plata empleadas para determinar la toxicidad de las nanopartículas de plata.

Dosis	Concentración de PEG (µM PEG)	Dosis	Concentración de PEG y plata (µM PEG)	(µM Ag)
C1	99.68	D1	99.68	23.54
C1.3	219.17	D1.3	219.17	51.79
C1.5	298.84	D1.5	298.84	70.62
C1.75	398.42	D1.75	398.42	94.16
C2	498.41	D2	498.41	117.70
C3	2492.06	D3	2492.06	588.00
C4	12460.30	D4	12460.30	2943.40

Los nanotransportadores autoensamblados y conjugados fueron disueltos a diferentes concentraciones en el medio de cultivo y filtrados con membranas estériles con tamaño de poro de 0.22 µm. Se emplearon los siguientes controles: 1) vehículo, muestras de PEG disuelto en medio a las mismas concentraciones que las empleadas para los nanotransportadores; 2) el medio de cultivo solo, y 3) medio de cultivo con paclitaxel 0.293 µM. Adicionalmente, se preparó una solución de SBA comercial (1 mg/ml, Sigma-Aldrich) en PBS pH 7.4; esta solución fue filtrada en esterilidad y empleada en los ensayos de toxicidad a diferentes concentraciones (0.5-2.0 uM); para estos estudios se emplearon los volúmenes de PBS correspondientes a cada muestra como controles.

La toxicidad inducida por las muestras fue determinada por la técnica colorimétrica MTT. Para realizar el estudio, se sembraron en placas de 96 pozos de fondo plano, 7 000 células por pozo para los ensayos con MDA-MB-231 y 10 000 células por pozo para los ensayos con MCF7 y MCF 10A, adicionando 100 µl de medio de cultivo por pozo. Las células se mantuvieron en incubación durante 24 h a fin de permitir la adherencia de las células a la superficie de la placa. Posteriormente, se retiró el medio de cultivo y se adicionaron los diferentes tratamientos (según se indique en cada experimento). Se mantuvo el tratamiento en incubación durante 24 h. A continuación, se adicionaron a cada pozo 0.1 mg de MTT y se incubaron las placas durante 2 h a 37 °C, en oscuridad. Una vez completado el tiempo de incubación se retiró el medio y se adicionaron 100 µl de DMSO. Las muestras fueron analizadas por espectroscopia UV-Vis en un lector de ELISA (Labsystem Multiskan Ms) a 570 nm. Los diferentes tratamientos fueron comparados con el control negativo que empleó únicamente medio; a partir de éste, se calculó el porcentaje de viabilidad celular.

2.5 Purificación de la aglutinina de soya

2.5.1 Obtención del material vegetal

Las semillas de soya (*Glycine max*) fueron obtenidas, para el aislamiento y purificación de la lectina, en el mercado Argentina, Delegación Miguel Hidalgo, Ciudad de México.

2.5.2 Molienda

Las semillas de soya fueron pesadas y molidas en un molino de discos (The Bauer Bros. Co, Springfield Ohio – Brantford, Ontario) la distancia entre los discos fue de 20 µm, seguidamente la muestra se pasó por molino de martillo con malla (Raymond, Laboratory Mill) para separar los granos triturados de mayor tamaño y volver a pasarlos por el molino de discos con las mismas condiciones iniciales. El producto de molienda se dejó enfriar y secar.

2.5.3 Tamizado

La harina obtenida de las semillas de soya molidas fue procesada en una columna de tamices (Montiel Inoxidables México, MONTINOX). Se utilizaron 5 tamaños de abertura descritos en la Tabla 2. Se seleccionó la harina retenida por la malla N°. 80, de 177 µm de abertura.

Tabla 2. Tamaño de abertura de los tamices utilizados.

Abertura (µm)	Pulgadas de Apertura	Número U.S.
420	0,1650	40
250	0,0098	60
177	0,0070	80
149	0,0059	100
125	0,0019	120

2.5.4 Desgrasado

Una vez realizada la clasificación granulométrica, se seleccionó la harina que quedó retenida en la malla número 80. Se pesaron 12 ± 1 g de muestra en un cartucho de papel filtro para ser desgrasada en un equipo de Soxhlet durante seis horas, utilizando hexano como solvente.

2.5.5 Extracción de Proteínas (Globulinas)

Para la extracción de proteínas, se siguió el protocolo establecido por Larsson & Mattiasson [16] con algunas variantes. Una mezcla de una parte de harina de soya desgrasada (g) y cinco partes de NaCl 0,15 M (ml) se puso en agitación por 3 h a temperatura ambiente y 1 h a 4°C. Se centrifugó (13921 x g, +8°C, 10 minutos), resultando en un sobrenadante claro.

2.5.6 Precipitación de Proteínas por "Salting Out"

Se adicionó al sobrenadante $(NH_4)_2SO_4$ al 40 % de saturación y se llevó a cabo la precipitación por 1 hora a 4°C. La muestra se centrifugó a 13921 x g (Marca Sigma 2-16; rotor 12141), 8°C, 10 minutos. Se recuperó el sobrenadante y se le adicionó sulfato de amonio por encima del 80 % de saturación, la mezcla se agitó por 2 h a 4°C, y posteriormente fue centrifugada a 13921 x g, 8°C, 10 minutos. El sobrenadante fue descartado y el pellet fue disuelto en dos veces su volumen en una solución de NaCl 0,15 M. El pellet solubilizado se dializó durante la noche en contra de una solución de NaCl 0,15 M, empleando una membrana de 12-14 kD de MWCO (Spectra/Por Dialysis Tubing, SpectrumLabs). La fracción final dializada obtenida se utilizó para la cromatografía de afinidad, algunos detalles de la obtención de proteínas están indicados en la Figura 1.

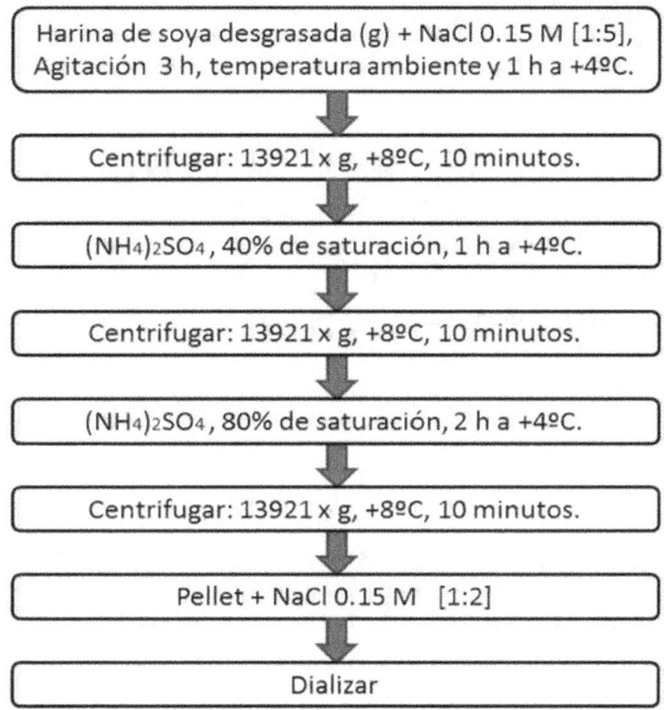

Figura 1. Diagrama de flujo del proceso de precipitación de Proteínas.

2.5.7 Cuantificación de Proteínas Totales

Se realizó la determinación cuantitativa de la concentración de proteínas totales siguiendo el Método descrito por Lowry [17]; utilizando una solución de albúmina bovina (1mg/ml) para construir la curva tipo y determinar la concentración de las proteínas. La absorbancia se midió en un espectrofotómetro UV-VIS (Thermo Scientific™ Multiskan FC microplate photometer) a una longitud de onda de 750 nm, como indica el método.

2.5.8 Cromatografía de afinidad

2.5.8.1 Preparación de la matriz de afinidad

El método elegido para la preparación de adsorbentes para cromatografía de afinidad, consiste en la adición de bisoxiranos (1,4-butanodiol diglicidil éter) para la introducción de grupos reactivos de oxiranos en la agarosa y para simultáneamente estabilizar el gel por entrecruzamiento. La activación de la matriz polimérica (**P–OH**) se lleva a cabo como se muestra en la Figura 2.

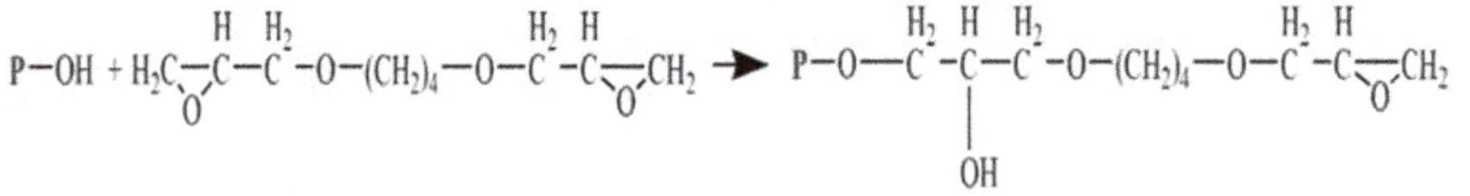

Figura 2. Reacción de activación de matriz de agarosa con 1,4-butanodiol-diglicidil-éter.
Modificado de [18].

El grupo amino conteniendo en los componentes **R-NH$_2$** es acoplado de acuerdo con la reacción descrita en la Figura 3:

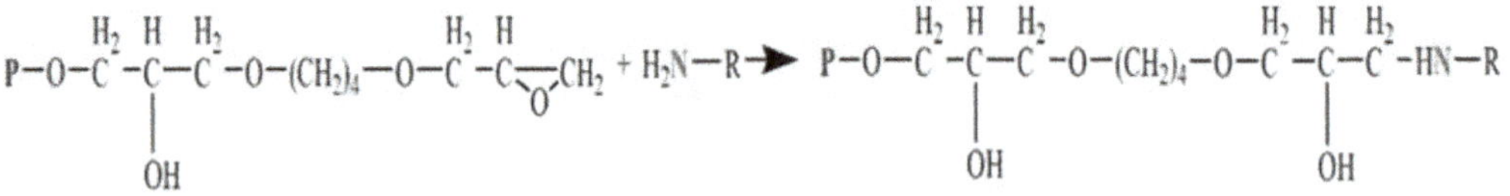

Figura 3. Reacción de acoplamiento del ligando a la de matriz de agarosa. Modificado de [18].

Se trabajó con 5 g de Sefarosa CL-4B prehidratada (Sigma-Aldrich, USA), a la cual se le retiró el exceso de líquido mediante centrifugación a 4779 x g durante 5 minutos.

A continuación se activó la matriz por incubación (Incu-Shaker® 10LR, Benchmark), a 180 rpm, 25°C, durante toda la noche, con 5 ml de NaOH (0,6 M) conteniendo 10 mg de NaBH$_4$ (Sigma-Aldrich, USA) y 2,5 ml de 1,4-butanodiol-diglicidil-éter (Sigma-Aldrich, USA).

Para el acoplamiento del ligando de afinidad se siguió el protocolo descrito por Vretblad [18], con modificaciones menores. Después de su activación, el gel fue lavado exhaustivamente con NaOH (0,1 M) y posteriormente fue mezclado con 150 mg de D-*N*-Acetil-Galactosamina (Sigma-Aldrich, USA) y 5 ml de NaOH (0,1 M). El acoplamiento se llevó a cabo por 48 h en una incubadora (Incu-Shaker® 10LR, Benchmark), en agitación a 100 rpm y 45°C.

La matriz se lavó con buffer Tris-HCl (0.1M, pH=7.5), y se mantuvo en el buffer a 4°C por 1 h, antes de ser lavada con agua destilada, Tris-HCl 0.05M (pH 8.0), buffer citrato 0.05M (pH 4.0) y finalmente con solución de NaCl 0.15 M.

El gel se almacenó en una solución de etanol al 20 % en refrigeración a 4-8°C. El gel se caracterizó por FTIR antes de ser activado, después de ser activado y después de su acoplamiento con el ligando.

El gel de afinidad, en un volumen de 4 ml, se empacó en una columna de borosilicato y se llevó al equilibrio con una solución salina de NaCl 0.15 M a una velocidad de flujo de 2.5 ml/min.

2.5.8.2 Procedimientos de la Cromatografía de Afinidad

Se inyectaron a la columna 5 ml de la muestra de proteínas purificadas del frijol de soya, a la misma velocidad de flujo (2.5 ml/min) empleada para la inyección de la fase móvil. A partir de entonces, la solución salina se bombeó a través de la columna, hasta que la absorbancia del eluato alcanzó un valor de cero a 280 nm. La elución de las proteínas adsorbidas se realizó mediante el intercambio de la solución salina con una solución de galactosa (25 mg/ml en solución de NaCl 0.15 M).

2.5.9 Espectroscopia FTIR

La sepharosa CL-4B, el producto activado con el grupo epoxi y el producto conjugado con la N-acetil galactosamina, fueron evaluados mediante espectroscopia FTIR (Cary 630, Agilent Technologies), con el fin de corroborar que las reacciones se llevaron a cabo de manera satisfactoria.

2.5.10 Electroforesis

La masa molecular de las subunidades de las lectinas fue estimada por electroforesis SDS-PAGE (10 %). Las muestras de cada etapa de purificación de la proteína fueron mezcladas con buffer de muestra y cargadas a los pocillos del gel. Una vez corroborada la presencia de SBA en las muestras dializadas del salting out, se procedió a realizar la cromatografía de afinidad y recolectar las fracciones en las que el detector a 280 nm presentaba picos de absorbancia.

Los canales electroforéticos fueron cargados con un control negativo (muestra de albúmina bovina), un control positivo (muestra SBA, de Sigma-Aldrich, USA), marcadores de peso molecular, los productos dializados del salting out y las fracciones de la cromatografía de afinidad en donde el detector UV-Vis presentó picos de absorbancia (Fracción 3 y Fracción 7) (Tabla 3).

La corrida electroforética se trabajó en las siguientes condiciones: 80 V, 30 mÅ, 2 W, 2 h. Después de la corrida, se retiraron los geles y se lavaron con abundante agua destilada. Los geles se tiñeron con Blue Brilliant (Sigma-Aldrich,USA) para hacer visibles las bandas. Luego se dejaron en agitación a 50 rpm en agua destilada, en una incubadora (Incu-Shaker® 10LR, Benchmark), para ser desteñidos.

Tabla 3. Muestras y controles cargados en los canales electroforéticos.

N° Pocillo	Muestra	Descripción
1	MW	Marcador de Peso Molecular (SigmaMarker™, mol wt 36,000-200,000 Da, Sigma-Aldrich)
2	D1	Muestra dializada después del salting out.
3	D2	Muestra dializada después del salting out. Réplica 1.
4	D3	Muestra dializada después del salting out. Réplica 2.
5	D4	Muestra dializada después del salting out. Réplica 3.
6	D5	Muestra dializada después del salting out. Réplica 4.
7	T1	Fracción 7, cromatografía de afinidad.
8	T2	Fracción 3, cromatografía de afinidad.
9	Control (+)	SBA (Sigma-Aldrich, USA)
10	Control (-)	Albúmina de Suero Bovino (Merck Millipore,)

2.6 Bioconjugación

2.6.1 Caracterización de SBA y muestra purificada

Se evaluó el potencial Z de la SBA comercial y la muestra purificada en un rango de pH de 4 a 8 mediante dispersión de luz dinámica a 25 °C (Nano Zetasizer ZS, Malvern Instruments).

2.6.2 Proceso de bioconjugación

Se tomó un volumen de nanotransportadores y un volumen de solución de SBA (1mg/ml) en una proporción de 9.24:5.47, con base en la IC_{50} de los nanotransportadores de AgNPs en la línea celular MDA-MB-231 obtenida en los estudios anteriormente descritos (sección 2.4). La muestra se mantuvo en agitación (Incu-Shaker® 10LR, Benchmark) a 150 rpm por 8 h, a una temperatura de 9°C, pH 5.8.

2.7 Establecimiento del modelo murino de cáncer de mama

La línea celular de cáncer de mama de ratón 4T1 fue adquirida de la ATCC (CRL-2539); de acuerdo con el proveedor, el modelo animal del tumor representa al cáncer de mama humano en estadio clínico IV. Las células fueron cultivadas en medio RPMI-1640 (ATCC) suplementado con FBS al 10 %, en atmósfera húmeda a 37 °C, 5 % CO_2. Se preparó una suspensión con 2500 células/μL. Se tomaron 20 μL de la suspensión celular y se inyectaron en la cuarta almohadilla mamaria de ratones hembra BALB/c de 6 semanas de edad, n=6. Los animales se mantuvieron en observación en el bioterio del Centro Militar de Ciencias de la Salud.

Se obtuvo tejido tumoral mediante autopsia al ratón tipo BALB/c de 12 semanas de edad, con un mes de evolución tras la inoculación vía subdérmica con células tumorales de 4T1. Se realizó estudio histopatológico mediante tinción H y E y el estudio inmunohistoquímico para receptores hormonales (estrógenos y progesterona), Cerb-B2, p53, ki-67 y CD-34.

3. Resultados y discusión

3.1 Síntesis y caracterización de las nanopartículas de plata

Se realizó un primer estudio para la síntesis de nanopartículas de plata, empleando PEG de 4600 Da (resultados no mostrados), en donde evaluó el efecto de la temperatura (70-90 °C), de la cantidad de $AgNO_3$ (0.5-2.5 % peso) y del tiempo de reacción (30-90 min), encontrando que la mejor temperatura de síntesis es 70 °C, debido a que el plasmón superficial de las muestras fue más definido y estrecho. Por su parte, se encontró que la cantidad adecuada de $AgNO_3$ a emplearse en la síntesis es de 0.5 % peso, debido a que no es posible disolver por completo cantidades superiores de la sal en el PEG. Por su parte, el incremento en el tiempo de síntesis de 30 a 90 min indujo un incremento en el ancho de pico del plasmón, indicando un aumento en la dispersión de tamaño de las partículas.

A continuación, se procedió con una comparación de la respuesta de síntesis con PEG de 4600 Da y PEG de 8000 Da con 0.5 % peso de $AgNO_3$, 70 °C a 30, 60, 90, 120 y 150 min de reacción, encontrando que para el PEG de 4600 Da (Figura 4A), el aumento en el tiempo de reacción favorece el crecimiento de las nanopartículas de plata, observado por el ancho de banda y el sitio de origen de la deflexión de la gráfica; además, se muestra un corrimiento del λ_{max} hacia la derecha. Por otro lado, se observó que el PEG de 8000 Da (Figura 4B), favorece la síntesis de las nanopartículas de plata con un plasmón superficial bien definido a partir de los 60 min, la intensidad de la señal aumentó con el tiempo, indicando la formación de más nanopartículas de plata, pero no el crecimiento de éstas, ya que se mantuvo el ancho de banda y el sitio de origen de la deflexión de la gráfica hasta los 120 min de reacción. A 150 min se observó un cambio brusco en el comportamiento de la gráfica que sugiere el aumento del tamaño de las nanopartículas. Se decidió trabajar con PEG de 8000 Da ya que su espectro sugiere la formación de nanopartículas de plata homogéneas y de tamaños menores, el tiempo de síntesis seleccionado fue de 120 min para maximizar la conversión de la mayor cantidad de sal de plata a nanopartículas, sin afectar de forma importante el tamaño (véanse las Figuras 4C y 4D).

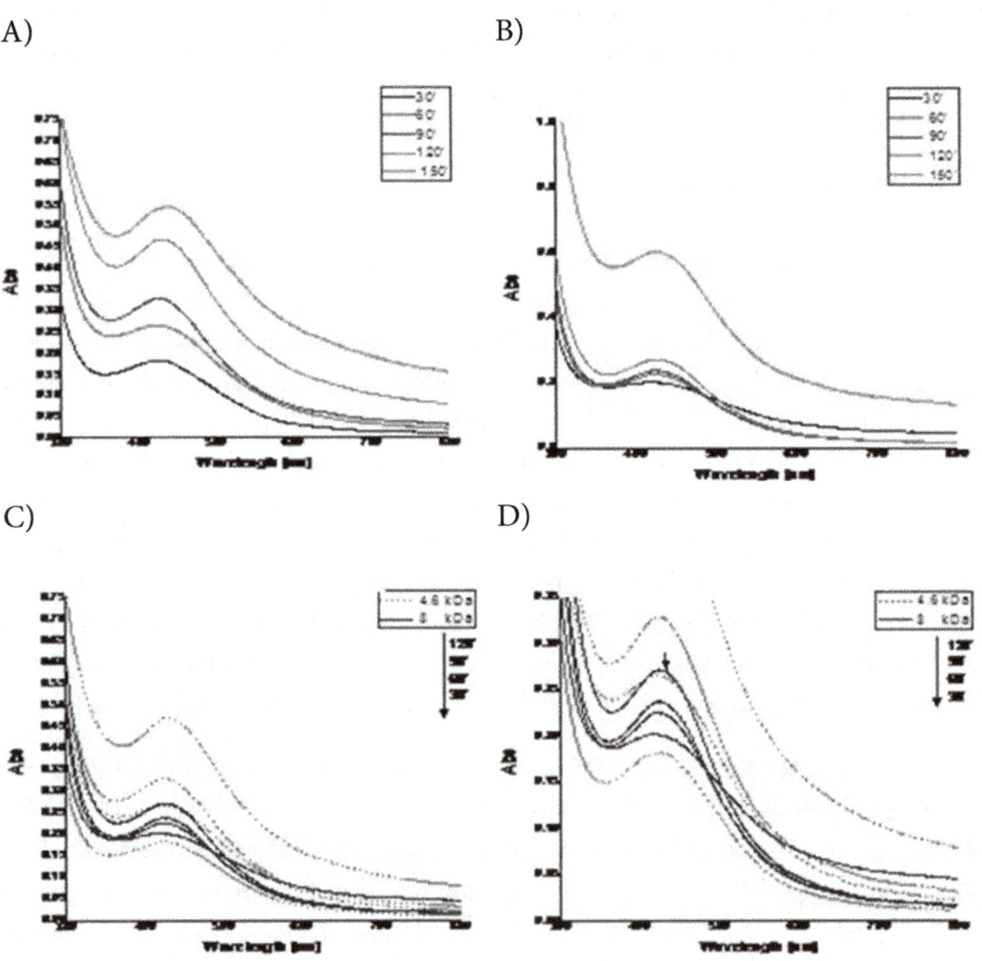

Figura 4. Espectros UV-Vis de la síntesis de nanopartículas de plata con A) PEG de 4600 Da y B) 8000 Da, en C) y D) se muestran ambos pesos moleculares, donde D) es un acercamiento de C).

Se eligieron las condiciones de síntesis de nanopartículas de plata para éste método con PEG de 8000 Da, a 120 min, 70 °C y 0.5 % peso de $AgNO_3$. Esta

muestra fue caracterizada por MET de alta resolución. La caracterización micros-
cópica de las nanopartículas se realizó diluyendo a las nanopartículas de plata embebidas en el PEG en cloroformo. El diámetro medio obtenido fue de 7.3± 3.2 nm
(véanse las Figuras 5A y 5B).

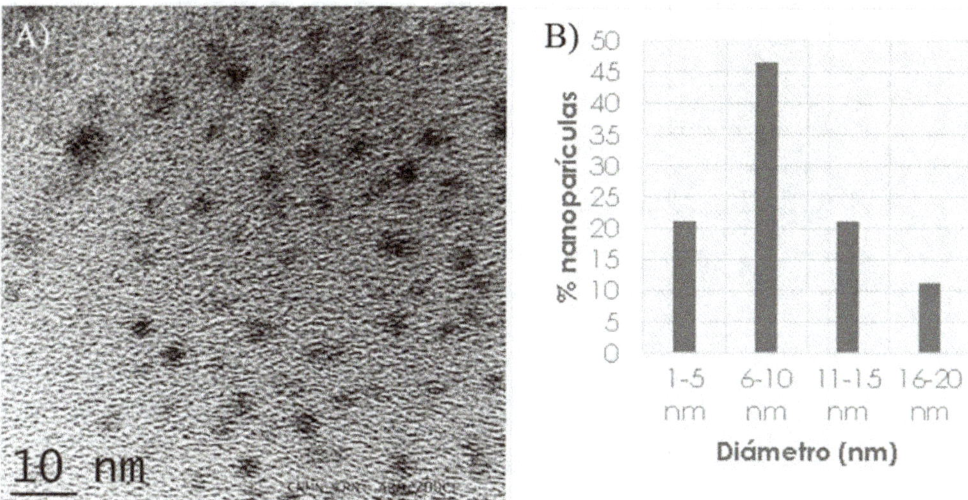

Figura 5. Tamaños de las nanopartículas de plata A) micrografía electrónica de transmisión de
alta resolución y B) histograma de frecuencias del diámetro de partícula.

3.2 Síntesis y caracterización de los nanotransportadores de nano-partículas de plata

Se realizó un estudio de mezclas para conocer las condiciones de formación
de nanotransportadores con tamaño homogéneo menor a 200 nm; para ello, se
propuso la síntesis de muestras en agua desionizada, agregando del 0.1 al 10 % peso
de nanopartículas de plata con PEG (peso total=10 g), de acuerdo con el diseño
experimental (Tabla 5); con posterior vortexeo 30 s y ultrasonido a 25 kHz. Los
nanotransportadores se dejaron madurar durante 72 h y se realizó centrifugación
a 4000 rpm durante 30 min, se recuperó el sobrenadante y se dejó madurar durante 48 h.

Se realizaron estudios de tamaño de partícula, filtrando a 0.45 μm previo al
análisis de dispersión de luz dinámica y potencial zeta. Sólo la corrida 1 fue estable a corto plazo, con diámetro de partícula de 100 nm, homogéneo y un potencial zeta de -17.76 mV, lo cual indica que la suspensión no es estable a largo plazo,
ya que no supera los ±30 mV, pero da lugar a la reacción con el grupo amino de
la proteína de funcionalización.

Tabla 5. Diseño experimental para la síntesis de nanotransportadores
de nanopartículas de plata por autoensamble.

Std	Run	PEG-nanoAg % peso	Agua % peso
6.00	1.00	1.48	98.52
4.00	2.00	2.84	97.16
1.00	3.00	0.10	99.90
9.00	4.00	3.94	96.06
11.00	5.00	0.10	99.90
10.00	6.00	10.00	90.00
3.00	7.00	7.26	92.74
7.00	8.00	8.61	91.39
2.00	9.00	10.00	90.00
12.00	10.00	10.00	90.00
14.00	11.00	7.26	92.74
8.00	12.00	6.11	93.89
5.00	13.00	5.01	94.99
13.00	14.00	0.10	99.90

Masa total 10.0 g

Por lo anterior, se realizó una nueva corrida con 1.48 % peso de nanopartículas de plata en PEG, con el fin de mejorar tanto el tamaño de partícula como el potencial zeta, para ello se varió el pH de la muestra después de la síntesis. El punto isoeléctrico de la aglutinina de soya es cercano a 6, por lo que para su conjugación se requiere que ésta se encuentre con carga positiva, mientras que el nanotransportador tendrá que presentar un potencial zeta negativo para que de esta manera se genere una atracción que permita la bioconjugación del nanotransportador con la aglutinina. Debido a que el pH de la muestra, después de la síntesis fue de 5.2 y de acuerdo con la teoría, el potencial deberá reducir su valor conforme la muestra aumenta su pH, los nuevos valores de pH a probar, después de la síntesis del nanotransportador, fueron: 6.0±0.2, 7.0±0.2, 8.0±0.2 y 9.0±0.2.

Los resultados de estos ensayos se muestran en la Tabla 6; como se puede observar, el tamaño del nanotransportador no varió de manera considerable con el cambio de pH; en la tabla se indica el diámetro hidrodinámico, el valor promedio máximo en la campana de distribución del gráfico de intensidad correspondiente a cada experimento, las lecturas se hicieron por triplicado; los valores para el PdI, en todos los casos, indicaron que las muestras presentaron significancia estadística ($p < 0.05$) y que no hay efecto del pH en la dispersión de tamaños de nanotransportadores. Sin embargo, el valor del potencial zeta sí se vio afectado con el cambio de pH, debido a que éste es el factor más importante en la determinación del valor del potencial zeta de una muestra. La muestra sintetizada a pH de 9.0 ± 0.2 teóricamente presenta estabilidad a largo plazo a 25°C. Esta muestra (en seco) fue caracterizada por TEM, encontrando que son estructuras esféricas con diámetro cercano a los 100 nm. La imagen permite observar la diferencia de densidad electrónica entre el PEG y la plata. Se observa una disposición aleatoria de la plata en el interior de la red polimérica (véase la Figura 6).

Tabla 6. Diámetro y potencial zeta de los nanotransportadores sintetizados por el método del poliol.

Corrida, pH	Diámetro (nm)	PdI	Potencial Z (mV)
1, 5.0±0.2	158.76±2.51	0.25±0.00	-17.76±3.76
1, 6.0±0.2	131.10±1.90	0.20±0.00	-17.90±2.30
1, 7.0±0.2	145.50±3.30	0.20±0.01	-17.10±0.70
1, 8.0±0.2	154.60±3.00	0.24±0.00	-24.00±0.10
1, 9.0±0.2	143.50±2.30	0.24±0.01	-36.20±4.30

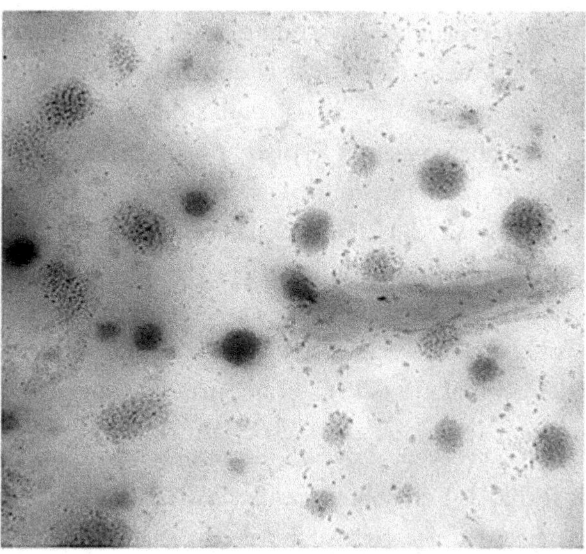

Figura 6. TEM de los nanotransportadores de nanopartículas de plata
sintetizados por autoensamble.

3.3 Ensayos de citotoxicidad de los nanotransportadores de nanopartículas de plata

En la línea celular MDA-MB-231 (véase la Figura 7A), el control negativo mostró un valor de 100 % de viabilidad, ya que estas muestras corresponden a células sin tratamiento. Es a partir de estos valores que se determina la toxicidad de los otros tratamientos; el control positivo (paclitaxel 0.293 µM) al ser un agente antineoplásico indujo una disminución en la viabilidad celular del 20 % a las 24 h de tratamiento. Cuando se comparó la toxicidad del PEG contra estos dos controles, se observó que la dosis C1 (99.68 µM PEG), la dosis C2 (498.41 µM PEG) y la dosis C3 (2492.06 µM PEG) no mostraron un efecto tóxico significativo, mientras que la dosis C4 (12460.30 µM PEG) mostró una toxicidad importante a las 24 h de tratamiento, alcanzando una disminución del 50 % de viabilidad. No se busca que el PEG sea el agente que cause toxicidad a las células; en el sistema que se propone para la encapsulación y direccionamiento de la actividad citotóxica de las nanopartículas de plata, el PEG tiene como fin último el servir como vehículo. Sin embargo, al comparar el efecto del PEG solo con aquel en que fueron sintetizadas las nanopartículas de plata, se observaron cambios notables en la toxicidad del sistema, encontrando que la dosis D1 (23.54µM Ag + 99.68µM PEG) causó una disminución de la viabilidad celular del 20 %, mientras que las dosis D2, D3 y D4 (117.70 µM Ag + 498.41 µM PEG; 588.60 µM Ag + 2492.06 µM PEG; 2943.40 µM Ag + 12460.30 µM PEG, respectivamente) mostraron 0 % de viabilidad celular. Al comparar la dosis D2 con la dosis C2 se encontró que las nanopartículas de plata tienen un efecto toxico importante en las células desde las 24 h, efecto que no es atribuible al PEG, sino únicamente a la plata, porque a las 24 h de tratamiento el PEG solo (C2) no indujo disminución de la viabilidad celular, mientras que el PEG con plata (D2) indujo muerte del 100 % de las células, lo que indica que a la dosis efectiva de los nanotransportadores poliméricos de nanopartículas de plata, en que se elimina al 100 % de las células, el PEG no es tóxico para esta línea celular. Se estudiaron las dosis D1.5 y D1.75 con sus respectivos controles con el fin de tener más datos para la determinación del IC_{50}, encontrando que se requiere un valor de 37.4 µM Ag para inducir toxicidad al 50 % de las células.

En los estudios realizados en la línea celular MCF7 (Figura 7B), se encontró que para las 24 h de tratamiento, el paclitaxel indujo un 25 % de disminución en la viabilidad celular, valor ligeramente mayor que lo encontrad o en MDA-MB-231. La evidencia sugiere que las células MCF7 son más sensibles al tratamiento con paclitaxel bajo las condiciones experimentales empleadas en este trabajo; partiendo de este

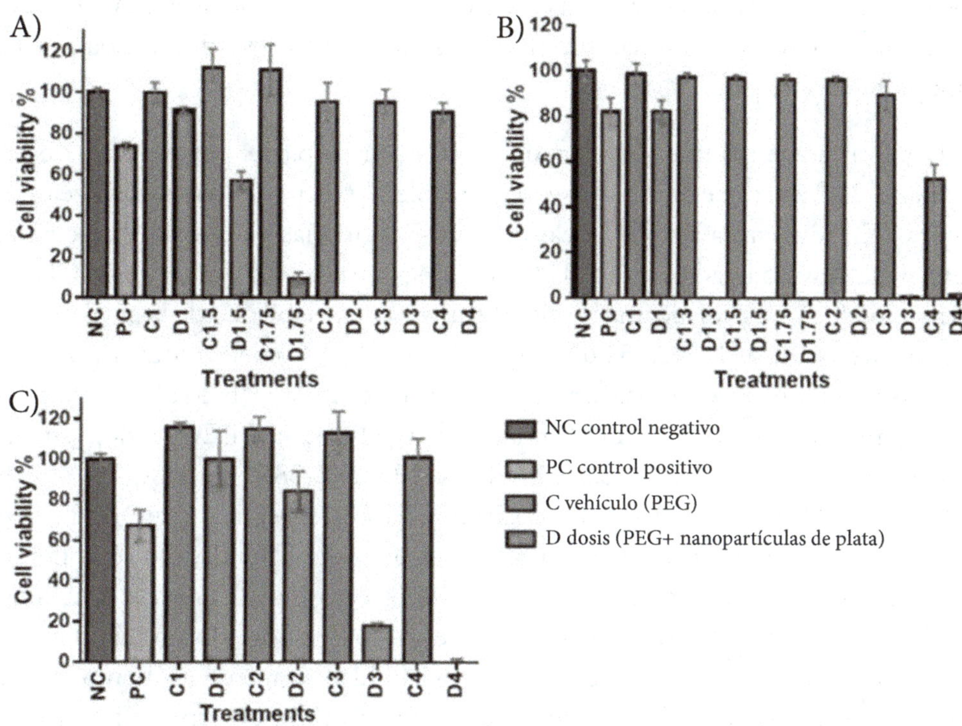

Figura 7. Efecto en la viabilidad celular del PEG y el PEG con nanopartículas de plata en las
líneas celulares A) MDA-MB-231, B) MCF7 y D) MCF10A.

dato, se observa que a 24 h, las dosis C1, C2 y C3, (99.68 μM PEG; 498.41 μM
PEG y 2492.06 μM PEG, respectivamente) no mostraron diferencia estadística
significativa con el control negativo, indicando que no hay un efecto significativo
del PEG en la viabilidad celular a esas concentraciones; por su parte, la dosis
C4 (12460.30 μM PEG) redujo en un 10 % la viabilidad celular. Por otro lado,
la dosis D1 (23.54 μM Ag + 99.68 μM PEG) redujo la viabilidad celular a 95 %;
sin embargo, las dosis D2, D3 y D4 (117.70 μM Ag 498.41 μM PEG; 588.60 μM
Ag 2492.06 μM PEG; 2943.40 μM Ag + 12460.30 μM PEG, respectivamente)
al igual que en las células MDA-MB-231, indujeron una muerte del 100 % de las
células, al comparar C2 con D2 a las 24 h (viabilidad del 100 % contra el 0 %),
se hace evidente que el efecto del nanotransportador se debe a las nanopartículas
de plata y no al PEG; aunque si bien, éste podría aportar toxicidad al sistema,
como lo demostró en los ensayos en que se empleó solo, las nanopartículas de
plata alcanzan este efecto por sí mismas. Se evaluaron las dosis 1.3, 1.5 y 1.75
para identificar el valor de la IC_{50}, encontrando que se requiere una dosis de 75.74
μM Ag para inducir toxicidad al 50 % de las células; este valor es el doble que la

dosis requerida para obtener el mismo efecto en la línea celular MDA-MB-231, lo que indica que estas últimas son más sensibles a la toxicidad inducida por las nanopartículas de plata.

Los estudios en la línea celular MCF 10A, por su parte, permitieron observar que a 24 h esta línea celular es más sensible al efecto del paclitaxel (véase la Figura 7C), respecto a las dos líneas celulares reportadas anteriormente, con un porcentaje de viabilidad cercano al 70 %. Por su parte, el PEG a las dosis C1-C4, no indujo efectos estadísticamente significativos en la viabilidad de la línea celular. Por su parte, la dosis D1 (23.54 μM Ag + 99.68 μM PEG) del nanotransportador no mostró un efecto estadísticamente significativo en la viabilidad de esta línea celular, mientras que la dosis D2 (117.70 μM Ag 498.41 μM PEG) redujo su viabilidad hasta un 80 %; por su parte las dosis D3 y D4 (588.60 μM Ag + 2492.06 μM PEG y 2943.40 μM Ag + 12460.30 μM PEG, respectivamente) indujeron toxicidad en todas las células, mostrando un 0 % de viabilidad; si se compara D3 con C3 es posible notar que no hubo un efecto del PEG en la viabilidad estadísticamente significativo, mientras que el nanotransportador indujo daño en todas las células, por lo que el efecto en la viabilidad se puede atribuir a las nanopartículas de plata. Se determinó la IC_{50} del nanotransportador polimérico de nanopartículas de plata para esta línea celular, encontrando que a una dosis de 362.04 μM Ag, el 50 % de las células presentaron daño a las 24 h de tratamiento, si este valor se compara con las dos líneas celulares reportadas anteriormente encontramos que las células MDA-MB-231 son las más sensibles al tratamiento (IC_{50}= 37.4 μM Ag), seguida por MCF7 (IC_{50}= 75.74 μM Ag, mientras que las células MCF 10A mostraron mayor resistencia (IC_{50}= 362.044 μM Ag), debido a que las dos primeras líneas son derivadas de cáncer y la última no lo es, estos resultados permiten afirmar que el tratamiento, sin evaluar el direccionamiento farmacológico del nanotransportador, presenta por sí mismo una diferencia de toxicidad entre células de cáncer y células normales, observando que en los ensayos realizados en esta investigación la línea MCF 10A requirió de una dosis de 9.6 veces la dosis empleada en MDA-MB-231 para alcanzar el mismo efecto a las 24 h de tratamiento, mientras que la dosis requerida para alcanzar el 50 % de viabilidad en MCF 10A a 24 h de tratamiento fue de 4.78 veces la requerida para alcanzar el mismo efecto en las células MCF 7.

La dosis de paclitaxel efectiva para inducir daño en las tres líneas celulares presenta valores cercanos en magnitud (μM) a los obtenidos mediante el uso de los nanotransportadores poliméricos de nanopartículas de plata. Como se pudo observar, los nanotransportadores poliméricos de nanopartículas de plata han demostrado ser una alternativa para el estudio y desarrollo de nuevos agentes quimioterapéuticos para el tratamiento de cáncer de mama, ya que mostraron resultados prometedores.

Por otro lado, se desarrolló un estudio de la toxicidad de la SBA en los tres cultivos celulares; para ello, la lectina fue disuelta en una concentración de 2000 µg SBA/ ml PBS pH 7.2; la solución fue filtrada en esterilidad con filtros de 0.22 µm. A partir del stock se realizaron ensayos en los que se evaluaron diferentes dosis de la SBA en las tres líneas celulares (0.5-2.0 µM), empleando como control negativo células sin tratamiento, como control positivo células tratadas con paclitaxel (0.293 µM) y células tratadas con PBS en el volumen en que se adicionó para dar lugar a las concentraciones de SBA para cada tratamiento, el PBS no causó efectos en la viabilidad celular a las 24 h de tratamiento para ninguna de las cuatro dosis evaluadas. Al comparar estos resultados con los obtenidos para SBA, no se observan cambios estadísticamente significativos, por lo que se concluyó que la SBA no es tóxica para las líneas celulares estudiadas, bajo las condiciones de tratamiento.

3.4 Bioconjugación del nanotransportador con la SBA

Para realizar la conjugación de los nanotransportadores poliméricos de nano-partículas de plata con la SBA se consideraron los valores de ½*IC_{50}, IC_{50} y 2*IC_{50} a 24 h para cada línea celular; para ello, a partir de la corrida 1 con pH ajustado a 9.0±2.0, se midió el volumen necesario para obtener la dosis de Ag requerida para cada tratamiento. A partir de esta solución se llevó a cabo la conjugación, agregando 218.88 µg SBA a cada experimento, a fin de obtener en los ensayos celulares, una dosis total de 2.0 µM SBA. El pH de conjugación fue de 5.8, ésta se mantuvo durante 8 h a 4 °C. Una vez concluido el tiempo de conjugación las muestras fueron liofilizadas. Se emplearon como controles, muestras sin SBA.

Las micrografías electrónicas de la Figura 8 muestran, por una lado, A) la estructura en nanoesfera del nanotransportador; B) la estructura de la SBA con diámetro aproximado de entre 5 y 8 nm, y C) la conjugación de estos dos en estructuras esféricas con diámetros de entre 100 y 200 nm. El nanotransportador es una nanoesfera con nanopartículas de plata dispuestas al azar en el entramado polimérico; una vez conjugada esta nanopartícula, es posible observar la disposición de la SBA en su superficie, a manera de glóbulos, es probable que no todo el

PEG haya reaccionado en la síntesis de nanopartículas de plata y esta nanopartícula se encuentre rodeada por moléculas de PEG que le confieran estabilidad; sin
embargo, para conocer esta información es necesario desarrollar análisis futuros.

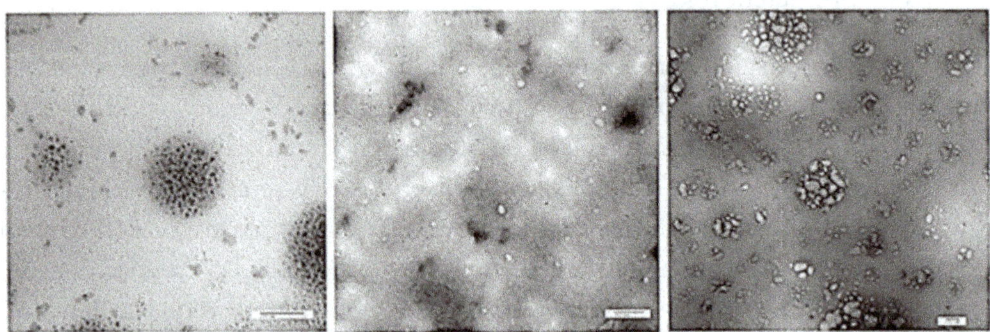

Figura 8. TEM de A) los nanotransportadores de nanopartículas; B) la SBA, y C) los nanotransportadores conjugados con la SBA (valor de la barra=100 nm). Modificada de [19].

Se evaluó la toxicidad del nanotransportador simple y conjugado en la línea
celular MDA-MB-231 a 24 h de tratamiento empleando, como controles, células
sin tratamiento (control -) y células tratadas con paclitaxel (0.293 µM). Para ello,
los nanotransportadores conjugados y no conjugados fueron resuspendidos en
medio de cultivo homogeneizados y filtrados en esterilidad con filtros de 0.22
µm. Los resultados de toxicidad fueron revelados mediante el ensayo MTT. La
Figura 9A permite observar que con valores de ½*IC$_{50}$ el nanotransportador y
el conjugado mostraron un efecto tóxico muy bajo, para los estudios realizados
con las dosis IC$_{50}$ fue posible observar que el bioconjugado mostró un aumento
de la toxicidad del transportador, dando como resultado una viabilidad cercana al
20 %. Por su parte, los nanotransportadores mostraron cambios menores en su
toxicidad. Ambos tratamientos causaron la muerte de casi el 100 % de las células
cuando se emplearon concentraciones de 2*IC$_{50}$.

Por otro lado, en la línea celular MCF7 (Figura 9B) se observó que el nanotransportador sin conjugar se favorece su toxicidad con el proceso de síntesis, de
manera que se redujo la dosis necesaria para causar daño al 50 % de las células,
alcanzándose este efecto con valores de ½*IC$_{50}$, resultado similar al encontrado
con el bioconjugado.

Al comparar el comportamiento de los 3 tratamientos en ambas líneas celulares, MDA-MB-231 y MCF7, (ver Figura 9C), es posible observar que la síntesis
del nanotransportador fuera del medio de cultivo permite obtener valores de

citotoxicidad mayores, comparados con las muestras sintetizadas en el medio de cultivo (denominadas: nanopartículas de plata), disminuyendo el valor de la IC_{50} a 34.69 y 35.70 µM Ag, para las células MDA-MB-231 y MCF7, respectivamente. Mientras que la bioconjugación reduce aún más este valor, alcanzando el mismo efecto con dosis de 24.92 y 31.38 µM Ag para las células MDA-MB-231 y MCF7, respectivamente.

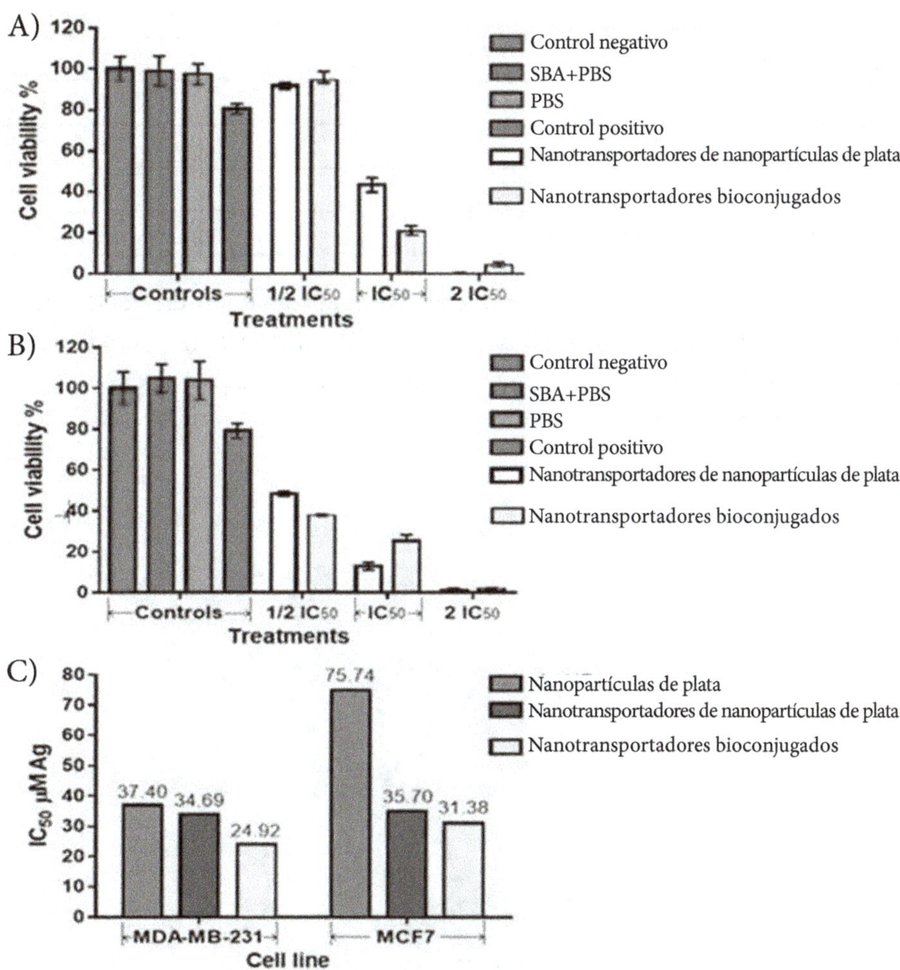

Figura 9. Efecto en la viabilidad celular de A) MDA-MB-231; B) MCF7 inducido por los tratamientos con nanotransportadores de nanopartículas de plata sin conjugar y bioconjugados con la aglutinina de soya (SBA), y C) comparación de los valores de IC_{50} de los tres tratamientos en las líneas celulares MDA-MB-231 y MCF7.

3.5 Purificación y caracterización de la proteína de soya

Se realizó la cuantificación de proteínas totales de cada etapa del proceso de purificación de la lectina de soya (*Glycine max*) por el Método de Lowry, obteniéndose los resultados mostrados en la Tabla 7.

Tabla 7. Contenido de Proteínas totales por el Método de Lowry, en las diferentes etapas del proceso de purificación.

Extracto	Contenido de Proteínas [mg/ml]
Sobrenadante-Extracto salino	7.37
Sobrenadante, 40 % (NH$_4$)$_2$SO$_4$	5.05
Sobrenadante, 80 % (NH$_4$)$_2$SO$_4$	0.09
Pellet disuelto dializado, 80 % (NH$_4$)$_2$SO$_4$	2.54
Cromatografía de afinidad	2.72

Se tomaron muestras de cada extracto y se analizaron en un gel de electroforesis SDS-PAGE (10 %), las cuales se corrieron junto a controles de SBA pura para comparar las bandas de corrida y poder certificar la presencia de aglutinina de soya en las muestras.

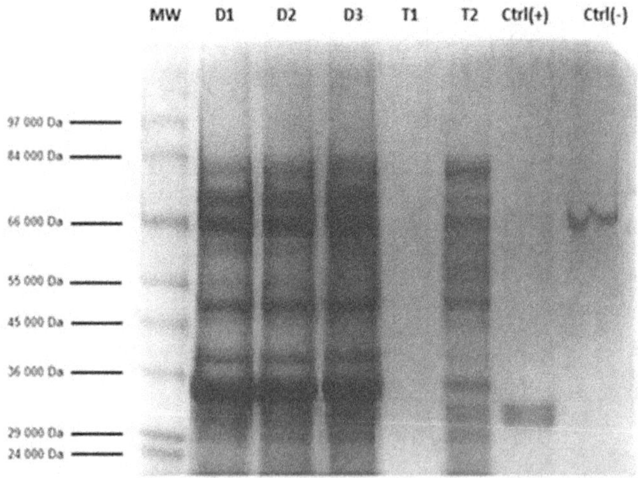

Figura 10. Gel de electroforesis. MW= marcador de peso molecualar; D1, D2, D3, D4, D5= muestras de dializados después del salting out; T1, T2= fracciones 7 y 3, respectivamente, de la cromatografía de afinidad; Ctrl(+)= SBA pura (Sigma-Aldrich); Ctrl(-)= Albúmina de Suero Bovino; Da= Daltons.

Ha sido previamente definido que las subunidades de la SBA de *Glycine max* migran a una distancia equivalente a 30,300 ± 400 Da [20]. Confirmación que se hace por comparación con el marcador de peso molecular y el control positivo.

El gel de electroforesis nos muestra la separación electroforética de las proteínas presentes en las muestras de los extractos obtenidos durante el proceso de purificación (Figura 10). Los dializados contienen un pool de proteínas con pesos moleculares menores a los 90 kDa, y en cada uno de ellos se puede observar la banda de la SBA, en un tamaño aproximado de 30 kDa. En la muestra T1, que es la fracción 7 de la cromatografía de afinidad, no se puede percibir la presencia de alguna proteína. La muestra T2, fracción 3,. evidencía la presencia de la proteína de interes junto con algunas otras proteínas que poseen menor intensidad de las bandas en comparación de los dializados (antes de la cromatografía).

3.6 Bioconjugación

Para desarrollar la bioconjugación por atracción de cargas, se evaluó la influencia del pH sobre el potencial Z de la aglutinina de soya (SBA) y de la proteína purificada parcialmente (T2). Debido a que el bioconjugado se debe trabajar a pH cercanos al fisiológico, se estudió la variación del potencial Z en un rango de pH de 4 a 8. En la Tabla 8 vemos los resultados obtenidos para la aglutinina de soya, en donde el potencial Z se ve afectado proporcionalmente al pH (Figura 11). En la SBA comercial predominan las cargas negativas en todo el rango estudiado. Cabe mencionar que esta proteína fue resuspendida en PBS y, por este motivo, al realizar las mediciones vemos que la conductividad de la muestra es muy alta. Para estudios futuros se sugiere probar otros medios de disolución para la bioconjugación.

Tabla 8. Potencial Z de la Aglutinina de Soya (SBA) disuelta en PBS (pH 7.4)
a diferentes condiciones de pH.

pH	ZP[mV]	Conductividad [mS/cm]
4,185	-1,53	18,1
4,819	-2,7	17,3
6,124	-3,04	19,3
7,089	-3,33	21,7
7,819	-4,1	20,4

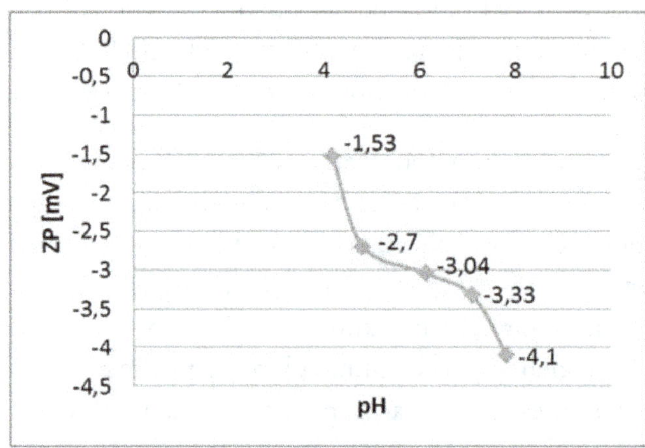

Figura 11. Gráfico del Potencial Z en función del pH, para la para la aglutinina de Soya.

La Tabla 9 muestra los resultados obtenidos para la muestra purificada (T2), en donde el potencial Z se ve afectado proporcionalmente al pH (Figura 12). La SBA purificada parcialmente presenta cargas positivas predominantes cuando el pH es menor, aproximadamente, a 4.5. Las cargas negativas son superiores en cuando tenemos pH mayor a 4.5. Esta muestra fue, también, resuspendida en PBS, y es por esta razón que también posee muy alta conductividad.

Tabla 9. Potencial Z de la muestra purificada (T2) disuelta
en PBS (pH 7.4) a diferentes condiciones de pH.

pH	ZP [mV]	Conductividad [mS/cm]
4,063	3,03	18,6
4,950	-5,11	19,1
6,022	-7,56	19,1
7,088	-8,76	19,2
8,098	-9,2	19,1

Los nanotransportadores estudiados para su almacenamiento, presentan una estabilidad mejorada a pH 9; sin embargo, se cambió este pH al momento de ser funcionalizados debido a que las proteínas tienen cargas positivas predominantes a más bajo pH, para que puedan unirse por atracción de cargas.

Se realizó exitosamente la bioconjugación de las proteínas con el nanotransportador; sin embargo, se debe trabajar más en la purificación de la lectina para disminuir los costos del material a emplear en las pruebas en animales.

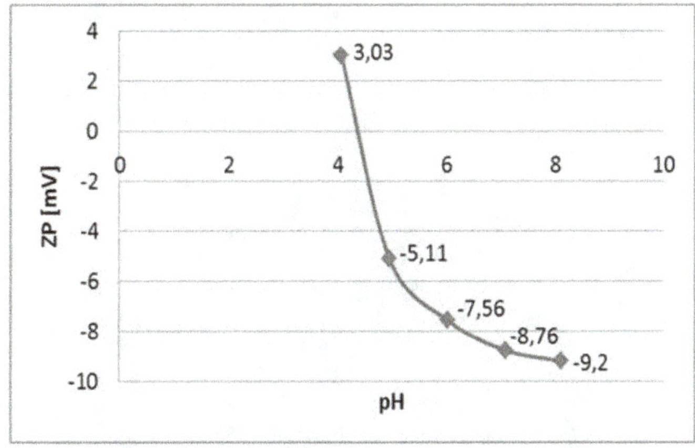

Figura 12. Gráfico del Potencial Z en función del pH, para la muestra T2.

3.7 Descripción macroscópica e histológica del tumor desarrollado en el modelo murino

Después de la inducción de tumor en ratones hembra Balb/c, con la línea celular 4T1 (Figura 13), que de acuerdo con el proveedor corresponde a un modelo de cáncer de mama humano en estadio clínico IV, se realizó el estudio histopatológico (Figura 14). El tumor ubicado en región pélvica anterior, midió 3x3x2 cm., macroscópicamente se observó de color café claro, con áreas de necrosis central, ulcerada en la porción externa y central con costra hemática, fijo a planos profundos. Desde el punto de vista histopatológico corresponde a carcinoma ductal infiltrante poco diferenciado (70 %), con patrón sólido de tipo sarcomatoide y necrosis en el 50 % del volumen total, el tumor presenta áreas moderadamente diferenciadas (30 %) con formación de escasos ductos, algunos de ellos parecen artificio ya que se organizan alrededor de adipocitos, las células tumorales son de tamaño variable, con citoplasma amplio y núcleos con pleomorfismo, hipercromasia y nucléolos prominentes, se identificaron de 7 a 10 mitosis en 10 campos a seco fuerte (40X), en sus bordes se identificó invasión a la dermis profunda, reticular y papilar, incluso con invasión a la epidermis y ulceración, no se observó invasión a vejiga, ni metástasis a corazón, bazo, hígado, riñones, pero se identificaron numerosos nódulos tumorales metástasicos en pulmones (en parénquima y pleura) y a ganglios linfáticos mediastinales y del hilio pulmonar. La inmunohistoquímica permitió observar que el tejido es negativo a receptor hormonal, negativo a Cerb-B2, positivo a p53 y ki-67, y negativo a CD-34. Todos los anticuerpos con controles positivos, satisfactorios. En conclusión, el tumor expresa epítopes similares a los del Tumor humano de cáncer de mama.

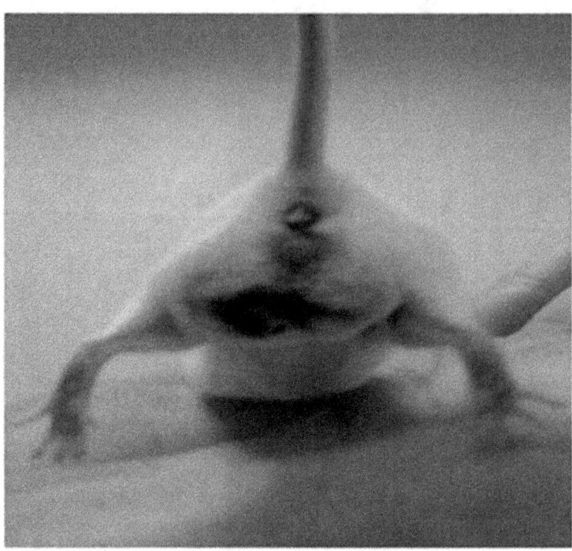

Figura 13. Ratones hembra Balb/c inducidos a cáncer de mama a través de células 4T1, extirpado del tumor para su análisis histopatológico.

3. Conclusiones e impacto de la investigación

Se obtuvieron nanopartículas de plata con diámetro homogéneo de 7.3± 3.2 nm por el método del poliol a partir de la reducción de $AgNO_3$ con PEG de 8000 Da, a 120 min, 70 °C y 0.5 % peso de $AgNO_3$.

Los nanotransportadores poliméricos de nanopartículas de plata mostraron tamaños de partícula cercanos a los 100 nm, en seco, con estructuras de nanoesfera polimérica con nanopartículas de plata embebidas en su interior.

La línea celular MDA-MB-231 mostró ser más sensible al tratamiento con los nanotransportadores poliméricos de nanopartículas de plata sintetizados por autoensamble (IC_{50}= 37.4 µM Ag), seguida por MCF7 (IC_{50}= 75.74 µM Ag); mientras que las células MCF 10A mostraron mayor resistencia (IC_{50}= 362.044 µM Ag), debido a que las dos primeras líneas son derivadas de cáncer y la última no lo es. Estos resultados permiten afirmar que el tratamiento, sin evaluar el direccionamiento farmacológico del nanotransportador, presenta por sí mismo una diferencia de toxicidad entre células de cáncer y células normales, observando que en los ensayos realizados en esta investigación la línea MCF 10A requirió de una dosis de 9.6 veces la dosis empleada en MDA-MB-231 para alcanzar el mismo efecto a las 24 h de tratamiento, mientras que la dosis requerida para alcanzar el 50 % de viabilidad en MCF 10A a 24 h de tratamiento fue de 4.78 veces la requerida para alcanzar el mismo efecto en las células MCF 7.

La bioconjugación del nanotransportador con la SBA se realizó de manera efectiva por 8 h a 4 °C. La bioconjugación del nanotransportador con la SBA permitió reducir los valores de IC_{50} para las líneas celulares MDA-MB-231 y MCF7, resultados prometedores para un avance del estudio a sistemas *in vivo*; sin embargo, su efecto real en el direccionamiento farmacológico tendrá que ser evaluado en ensayos futuros en modelos animales que no sólo presentan las barreras naturales que el nanotransportador debe atravesar para ser efectivo, sino que además presentan las condiciones propias de los tumores sólidos que favorecen la capacidad de direccionamiento de la SBA hacia el sito tumoral.

Se desarrolló exitosamente un modelo murino de cáncer de mama con epítopes similares al cáncer de mama humano, negativo a receptores hormonales y a Her-2-neu, que es la punta de lanza para la investigación *in vivo*.

Los datos que se tienen hasta el momento son prometedores. Más allá de estos buenos resultados obtenidos en este trabajo, queda por comprobar que el sistema presente direccionamiento activo y pasivo en estudios *in vivo*, por lo que queda un gran camino por recorrer en esta investigación; sin embargo, el sistema ha probado ser una herramienta potencial en el tratamiento de este conjunto de neoplasias. Sobre todo mediante el uso de la SBA, que en general mostró inducir mejoras en la toxicidad del nanotransportador *in vitro*, pero cuyo verdadero valor será conocido en estudios animales, en donde el ambiente tumoral es natural y permitirá una mejor acción de la SBA como agente de direccionamiento farmacológico.

El impacto que se tendrá a futuro sobre la reducción de cáncer de mama con la aplicación de la tecnología de nanotransportadores de fármacos funcionalizados, será muy importante para la sociedad mexicana.

Agradecimientos

A la Secretaría de Investigación y Posgrado del IPN, por el apoyo económico obtenido SIP: 20160249 (proyecto multidiciplinario); al CONACyT, por el apoyo económico en los diferentes proyectos financiados para el desarrollo de esta investigación.

Referencias

1. Torre, L., Siegel, R., Ward, E., & Jemal, A. (2015).Global Cancer Incidence and Mortality Rates and Trends--An Update. *Cancer Epidemiology Biomarkers & Prevention*, 25(1), 16-27. https://doi.org/10.1158/1055-9965.EPI-15-0578

2. Chávarri-Guerra, Y., Villarreal-Garza, C., Liedke, P., Knaul, F., Mohar, A., Finkelstein, D. & Goss, P (2017). Breast cancer in Mexico: a growing challenge to health and the health system. *The Lancet Oncology*, 13(8), e335-e343. https://doi.org/10.1016/S1470-2045(12)70246-2

3. Bassiouni, Y., & Faddah, L. (2012). Nanocarrier-Based Drugs: The Future Promise for Treatment of Breast Cancer. *Journal of Applied Pharmaceutical Science*, 2(5), 225-232. https://doi.org/10.7324/JAPS.2012.2530

4. Pérez-Herrero, E., & Fernández-Medarde, A. (2015). Advanced targeted therapies in cancer: Drug nanocarriers, the future of chemotherapy. *European Journal of Pharmaceutics and Biopharmaceutics*, 93, 52-79. https://doi.org/10.1016/j.ejpb.2015.03.018

5. Nishiyama, N. & Kataoka, K. (2006). Current state, achievements, and future prospects of polymeric micelles as nanocarriers for drug and gene delivery".*Pharmacology & Therapeutics*, 112(3), 630-648. https://doi.org/10.1016/j.pharmthera.2006.05.006

6. Sinha, S., & Surolia, A. (2005). Oligomerization Endows Enormous Stability to Soybean Agglutinin: A Comparison of the Stability of Monomer and Tetramer of Soybean Agglutinin. *Biophysical Journal*, 88(6), 4243-4251. https://doi.org/10.1529/biophysj.105.061309

7. Ohuchi, N., Nose, M., Abe, R., & Kyogoku, M. (1984). Lectin-binding patterns of breast carcinoma: Significance on structural atypism. *The Tohoku Journal of Experimental Medicine*, 143(4), 491-499. https://doi.org/10.1620/tjem.143.491

8. Morecki, S. Shlomo, M., & Shimon, S. (1988). Removal of breast cancer cells by soybean agglutinin in an experimental model for purging human marrow. *Cancer Research*, 48, 4573-4577.

9. AshaRani, P., Low Kah Mun, G., Hande, M., & Valiyaveettil, S. (2009). Cytotoxicity and Genotoxicity of Silver Nanoparticles in Human Cells. *ACS Nano*, 3(2), 279-290. https://doi.org/10.1021/nn800596w

10. Wu, Q., Cao, H. Luan, Q., Zhang, J., Wang, Z., Warner, J., & Watt, A. A. R. (2008). Biomolecule-Assisted Synthesis of Water-Soluble Silver Nanoparticles and Their Biomedical Applications. *Inorganic Chemistry*, 47(13), 5882-5888. https://doi.org/10.1021/ic8002228

11. Carlson, C., Hussain, S., Schrand, A., Braydich-Stolle, L. K. Hess, K., Jones, R., & Schlager, J. (2008). Unique Cellular Interaction of Silver Nanoparticles: Size-Dependent Generation of Reactive Oxygen Species. *The Journal of Physical Chemistry B*, 112(43), 13608-13619. https://doi.org/10.1021/jp712087m

12. Hsin, Y., Chen, C., Huang, S., Shih, T., Lai, P., & Chueh, P. (2008). The apoptotic effect of nanosilver is mediated by a ROS- and JNK-dependent mechanism involving the mitochondrial pathway in NIH3T3 cells. *Toxicology Letters*, 179(3), 130-139. https://doi.org/10.1016/j.toxlet.2008.04.015

13. Fang, J., Nakamura, H., & Iyer, A. (2007). Tumor-targeted induction of oxystress for cancer therapy. *Journal of Drug Targeting*, 15(7-8), 475-486. https://doi.org/10.1080/10611860701498286

14. Ijaz Hussain, J., Kumar, S., Adil Hashmi, A.& Khan, Z. (2011). Silver Nanoparticles: Preparation, Characterization, And Kinetics. *Advanced Materials Letters*, 2(3), 188-194. https://doi.org/10.5185/amlett.2011.1206

15. Luo, C., Zhang, Y., Zeng, X., Zeng, Y. & Wang, Y. (2005).The role of poly(ethylene glycol) in the formation of silver nanoparticles. *Journal of Colloid and Interface Science*, 288(2), 444-448. https://doi.org/10.1016/j.jcis.2005.03.005

16. Larsson, E., & Mattiasson, B. (1996). Evaluation of affinity precipitation and a traditional affinity Chromatographic procedure for purification of soybean lectin, from extracts of soya flour. *Journal of Biotechnology*, 49(1-3), 189-199. https://doi.org/10.1016/0168-1656(96)01543-X

17. Lowry, O., & Rosebrough, N., Farr, A., & Randall, R. (1951). Protein measurement with the Folin phenol reagent. *J biomol Chem*, 193(1), 265-275.

18. Vretblad, P. (1976). Purification of lectins by biospecific affinity chromatography. *Biochimica et Biophysica Acta (BBA) - Protein Structure*, 434(1), 169-176. https://doi.org/10.1016/0005-2795(76)90047-7

19. Casañas Pimentel, R., Robles Botero, V., San Martín Martínez, E., Gómez García, C. & Hinestroza, J. (2016). Soybean agglutinin-conjugated silver nanoparticles nanocarriers in the treatment of breast cancer cells. *Journal of Biomaterials Science, Polymer Edition*, 27(3), 218-234. https://doi.org/10.1080/09205063.2015.1116892

20. Lotan, R., Siegelman, H., Lis, H., & Sharon, N. (1974). Subunit structure of soybean agglutinin. *Journal of Biological Chemistry*, 249(4), 1219-1224.

NANOEMULSIONES PARA LA ENCAPSULACIÓN DE COMPUESTOS BIOACTIVOS

**Grisel A. Flores-Miranda[1], Eduardo San Martin-Martínez[2*]
Miguel A. Aguilar-Méndez[2], Georgina Calderon-Dominguez[3]
Jorge Yáñez-Fernández[1*]**

[1]Departamento de Biotecnología Alimentaria, Unidad Profesional Interdisciplinaria de Biotecnología, Instituto Politécnico Nacional, Av. Acueducto S/N Col. Barrio La Laguna Ticomán, México, D.F., CP 07340, México.

[2*]Departamento de Biomateriales, Centro de Investigación en Ciencia Aplicada y Tecnología Avanzada del Instituto Politécnico Nacional, Calzada Legaria No. 694 Col. Irrigación, México, D.F., CP 11500, México.

[3]Departamento de Ingeniería Bioquímica, Escuela Nacional de Ciencias Biológicas del IPN. Luis Enrique Erro s/n, U. Prof, Adolfo Lopez Mateos, CP 07738, Ciudad de México, México.

grissflomi@gmail.com, esanmartin@ipn.mx, miguel_agme@hotmail.com, gcalderondominguez@gmail.com, jyanezfe.ipn@gmail.com

https://doi.org/10.3926/oms.401.2

Flores-Miranda, G. A., San Martín Martínez, E., Aguilar-Méndez, M. A., Calderon-Dominguez, G., & Yáñez-Fernández, J. (2020). Nanoemulsiones para la encapsulación de compuestos bioactivos. En E. San Martin Martinez, M. A. Ramírez Salinas (Eds.). *Avances de investigación en Nanociencias, Micro y Nanotecnologías. Barcelona, España: OmniaScience. 45-66.*

Resumen

Las nanoemulsiones, los liposomas, las microemulsiones, las nanopartículas lipídicas sólidas y las partículas poliméricas son nanoestructuras que podrían mejorar la estabilidad y la biodisponibilidad de muchos compuestos bioactivos. La metodología de superficie de respuesta (RSM) se utilizó para investigar la función de las diferentes condiciones de procesamiento que afectan el tamaño de partícula de las nanoemulsiones de ácido esteárico preparadas mediante el método de emulsificación por ultrasonido. Se estudiaron los efectos de la concentración de lípidos (4-7 %), la concentración de surfactante (0.1-2.0 %) y el tiempo de sonicación (15-30 min) en el tamaño de partícula. Los datos experimentales podrían ajustarse adecuadamente en una ecuación polinomial de segundo orden con un coeficiente de regresión (R^2) de 0.882. El tiempo de sonicación constituyó el factor principal que influye en la variable de respuesta. Aumento del tiempo de sonicación incrementa el tamaño de partícula y el índice de polidispersidad. La concentración de emulsificante se observó estar inversamente relacionada con el tamaño de partícula. Las condiciones óptimas con el fin de obtener el menor tamaño de partícula en la preparación de nanoemulsiones de ácido esteárico, se estimó a: 4,08 % para la concentración de lípidos y 1,22 % para el contenido de surfactante, empleando un tiempo de sonicación de 19,18 min, obteniendo un tamaño de partícula de 198,46 nm. Se observó que la morfología de las gotitas de nanoemulsiones tenía la forma casi esférica, observado mediante microscopía electrónica de transmisión (Cryo - TEM).

Palabras claves: Metodología de Superficie de Respuesta; Nanoemulsiones de aceite en agua; Acido estérico; Método ultrasónico; Nano Zetasizer.

1. Introducción

Las nanoemulsiones son dispersiones que típicamente presentan diámetros en el rango de 50 a 1000 nm y con frecuencia se conocen como mini emulsiones, emulsiones finamente dispersas o emulsiones submicrométricas [1]. Las nanoemulsiones consisten en una fase lipídica dispersa en una fase acuosa continua, con cada gota de aceite rodeada por una delgada capa interfacial que consiste en moléculas emulsificantes [2-4]. Por lo general, las nanoemulsiones son altamente estables a la separación gravitacional debido al tamaño de partícula relativamente pequeño, lo que significa que los efectos del movimiento browniano dominan las fuerzas gravitacionales y previenen la formación del cremado o sedimentación durante un tiempo prolongado de almacenamiento [5]. También tienen una buena estabilidad contra la agregación de las gotitas debido a que el rango de fuerzas atractivas que actúan entre las emulsiones disminuye con la disminución del tamaño de partícula, también el intervalo de repulsión estérica es menos dependiente [6]. Estas ventajas potenciales de las nanoemulsiones sobre las emulsiones convencionales las convierten en sistemas atractivos para su aplicación en la industria alimentaria, cosmética y farmacéutica, una vez que pueden actuar como sistemas de transporte o suministro de compuestos lipofílicos, como nutracéuticos, fármacos, sabores, antioxidantes y agentes antimicrobianos [7, 12].

En la actualidad, ha aumentado el interés de incorporar lípidos en nanoemulsiones de agua, debido a las ventajas de estos materiales lipídicos en comparación con otros, por su biocompatibilidad y biodegradación [13]. Además, se ha considerado como una estrategia para evitar la auto oxidación de lípidos, que generalmente implica una transición de fase [14, 15]. El ácido esteárico es un ácido graso saturado endógeno de cadena larga y un componente principal de las grasas tanto de origen animal como vegetal, proporcionando una mejor biocompatibilidad y menor toxicidad que las contrapartes sintetizadas [16]. El ácido esteárico tiene un punto de fusión más alto que la temperatura corporal (p.f. 69.6 °C), y es biocompatible con los tejidos humanos y neutral con respecto a los fluidos fisiológicos. El ácido esteárico, lípido utilizado en este estudio, se considera no tóxico y está clasificado como 'Generalmente Reconocido como Seguro' (GRAS) por la Administración de Alimentos y Medicamentos (FDA) [13].

Se han desarrollado varios métodos para preparar emulsiones en la escala nanométrica, que se clasifican como métodos de alta energía o de baja energía [17]. La emulsificación ultrasónica es un método de alta energía en la preparación de gotas emulsionadas a escala nanométrica [18]. Este método está documentado como una técnica rápida y eficiente para formular nanoemulsiones estables con un diámetro de gota muy pequeño y un índice de polidispersidad bajo [19]. Utiliza ondas de sonido con una frecuencia superior a 20 kHz utilizando un sonotrodo para provocar vibraciones mecánicas seguidas de la formación de la cavitación acústica. El colapso de estas cavidades genera potentes ondas de choque que rompen las gotas gruesas en el rango nanométrico [20]. Hoy en día, estudios que sugieren que en el proceso de emulsificación, la cavitación asistida por ultrasonido parece ser más competitiva o incluso superior en términos de tamaño de partícula y eficiencia energética, en comparación con otros homogeneizadores rotacionales típicos, además de ser más rentable y práctica en términos del costo de producción a escala, la facilidad de mantenimiento y el procesamiento aséptico comparado con un microfluidizador [4, 21, 22]. El tamaño de partícula de la nanoemulsión puede controlarse optimizando los parámetros del proceso, como el contenido de aceite, la concentración de emulsionante, el tiempo de emulsificación y la energía proporcionada [23, 24].

En estas situaciones, cuando varios factores e interacciones de los factores afectan los resultados, La Metodología de Superficie de Respuesta (RSM) es una herramienta efectiva para optimizar el proceso; es una colisión de técnicas estadísticas y matemáticas que resultan del ajuste de los modelos empíricos a los datos obtenidos de los experimentos y se utiliza para la mejora y la optimización del proceso [25, 26]. Al usar esto herramienta estadística, podemos optimizar simultáneamente los niveles de variables independientes para la formulación del producto y la optimización del proceso; y la principal ventaja de RSM es reducir el número de ensayos experimentales necesarios para evaluar múltiples variables y sus interacciones. Por lo tanto, es menos laborioso y lleva menos tiempo que otras técnicas necesarias para optimizar un proceso [27-29].

Esta técnica se ha utilizado para diferentes procesos de optimización en sistemas de nanoemulsiones alimentarias y farmacéuticas [25, 26, 30, 31].

El objetivo principal de este trabajo, utilizando RSM, fue formular una nueva nanoemulsión de ácido esteárico con ingredientes GRAS para evaluar simultáneamente los efectos principales y los efectos de interacción entre los factores que incluyen el contenido de lípidos y surfactantes y el tiempo de sonicación en las propiedades fisicoquímicas de las nanoemulsiones de ácido esteárico. El estudio será útil en la industria de alimentos y bebidas para diseñar un sistema coloidal estable para la entrega de componentes bioactivos lipofílicos en los alimentos.

2. Materiales y métodos

2.1 Reactivos químicos

El ácido esteárico se usó como núcleo lipídico ($C_{18}H_{36}O_2$; PM = 284,5; p.f. = 69 ° C) y se adquirió en Sigma-Aldrich, EE. UU. El agente tensoactivo de calidad alimentaria fue Tween® 80 ($C_{64}H_{124}O_{26}$; polioxietilen (20) monooleato de sorbitán, no iónico; HLB = 15,0), se adquirió en Sigma-Aldrich, EE. UU. Se usó agua ultrapura de un sistema Milli-Q en la preparación de todos los experimentos a lo largo del estudio.

2.2 Diseño compuesto central

Se utilizó un Diseño Central Compuesto (CCD) para determinar los efectos de variables independientes: concentración de ácido esteárico (4.0-7.0 %, X1), concentración de Tween 80 (0.1-2.0 %, X_2) y tiempo de sonicación (15-30 min, X3), así como sus interacciones en el tamaño de partícula (Y) de las nanoemulsiones de ácido esteárico. Por lo tanto, se generaron un total de 20 corridas experimentales basadas en el CCD, determinados por el uso del software Design-Expert versión 7.1.6 (Stat-Ease Inc., Minneapolis, EE. UU.). Con tres variables independientes en cinco niveles para cada variable que implica 8 puntos factoriales, 6 puntos axiales y 6 réplicas de puntos centrales. Los experimentos se llevaron a cabo en orden aleatorio para minimizar los efectos de la variabilidad inexplicada en las respuestas reales debido a factores extraños [32]. Las variables independientes, sus niveles codificados y el esquema de CCD se enumeran en la Tabla 1 y 2, respectivamente.

Se utilizó una ecuación polinómica de segundo orden para expresar el tamaño de partícula (Y) de las nanoemulsiones en función de las variables independientes de la siguiente manera.

$$(1)$$

$$Y = \beta_0 + \sum_{i=1}^{k} \beta_i X_i + \sum_{i=1}^{k} \beta_{ii} X_i^2 + \sum_{i,j<j}^{k} \beta_{ij} X_i X_j + \varepsilon$$

Donde Y representa la función de respuesta, β0 es la media general, β_i, β_{ii} y β_{ij} son los coeficientes de los términos lineales, cuadráticos e interactivos, respectivamente. En consecuencia, X_i y X_j representan las variables independientes codificadas, mientras que ε es el error. El método de mínimos cuadrados (MLS) se empleó para analizar y ajustar todos los datos experimentales en la ecuación

Tabla 1. Niveles de variables establecidas independientes basadas en un diseño compuesto central (CCD).

Variables Independientes	Unidades	Niveles Codificados				
		-1	0	+1	Axial (-α)	Axial (+α)
Ácido Esteárico (X_1)	% p/p	4.0	5.5	7.0	2.98	8.02
Tween 80 (X_2)	% p/p	0.1	1.05	2.0	0.54	2.65
Tiempo de sonicación(X_3)	min	15	22.5	30	9.89	35.11

Tabla 2. Esquema de un diseño compuesto central (CCD): independiente (Xi) y variable de respuesta (Yj).

Formulación	Variables			Tamaño de partícula (nm)		Índice de polidispersidad
	X_1	X_2	X_3	Valores experimentales	Valores predichos	
F1	7.00	0.10	15.00	356.30 ± 1.35 [e]	384.61	0.125 ± 0.04 [h]
F2	4.00	2.00	15.00	270.10 ± 5.21 [fgh]	298.41	0.131 ± 0.02 [h]
F3	7.00	0.10	30.00	372.47 ± 4.02 [de]	388.30	0.195 ± 0.03 [gh]
F4	2.98	1.05	22.50	238.13 ± 45.04 [h]	206.91	0.603 ± 0.05 [bc]
F5	4.00	2.00	30.00	354.90 ± 17.25 [e]	370.73	0.678 ± 0.08 [ab]
F6	5.50	1.05	35.11	497.53 ± 85.88 [bc]	481.15	0.597 ± 0.02 [bc]
F7	8.02	1.05	22.50	469.73 ± 54.59 [c]	438.51	0.581 ± 0.12 [bc]
F8	7.00	2.00	15.00	277.07 ± 37.36 [fgh]	305.38	0.502 ± 0.05 [cd]
F9	5.50	1.05	9.89	325.27 ± 4.51 [ef]	279.21	0.297 ± 0.03 [fg]
F10	4.00	0.10	30.00	775.47 ± 18.97 [a]	791.30	0.441 ± 0.06 [de]
F11	5.50	0.55	22.50	555.30 ± 75.39 [b]	356.16	0.750 ± 0.06 [a]
F12	7.00	2.00	30.00	244.23 ± 4.36 [gh]	260.06	0.366 ± 0.02 [ef]
F13	4.00	0.10	15.00	313.37 ± 32.02 [efg]	341.68	0.365 ± 0.02 [ef]
F14	5.50	2.65	22.50	432.87 ± 17.29 [cd]	401.65	0.440 ± 0.07 [de]
*F15	5.50	1.05	22.50	321.31 ± 52.46 [ef]	323.10	0.429 ± 0.15 [de]

X_1: concentración de ácido esteárico, X_2: concentración de Tween 80, X_3: tiempo de sonicación. Los datos de la variable de respuesta representan el promedio ± desviación estándar para cada muestra. Diferentes letras de superíndice en la misma columna indican significación estadística ($p < 0.05$) según la prueba diferente menos significativa de Duncan. * Promedio de seis réplicas en el punto central.

polinomial de segundo orden. Se obtuvo un modelo reducido al eliminar los términos no significativos (p < 0,05) del modelo inicial. Superficies de respuesta en 3D se generaron a través de las ecuaciones polinómicas de regresión ajustadas para visualizar mejor el efecto de interacción de las variables independientes en la respuesta. Se realizó una optimización numérica para obtener condiciones óptimas y predecir valores para los objetivos de respuesta deseables utilizando un optimizador de respuesta.

2.3 Preparación de nanoemulsiones de ácido esteárico por cavitación ultrasónica

Las nanoemulsiones se prepararon usando ácido esteárico como fase oleosa dispersa y agua Milli Q como fase acuosa continua. El lípido se fundió primero aproximadamente a 70 °C, la fase oleosa resultante se añadió luego a una fase acuosa que contenía Tween 80 como emulsionante para formar emulsiones, y posteriormente se llevó a cabo un proceso de homogeneización usando un Ultra-Turrax T-25 (IKA, Alemania) a 10.000 rpm durante 2 min. Las emulsiones gruesas premezcladas se sometieron a continuación a una segunda etapa de tratamiento con ultrasonido mediante el procesador ultrasónico GEX500 (Sonics & Materials Inc., EE. UU.). Al principio, la punta de la sonda con un diámetro de 13 mm se sumergió en el centro de la emulsión gruesa y las vibraciones ultrasónicas mecánicas en el sonotrodo se ajustaron a un 40 % de amplitud operativa para iniciar el proceso de emulsificación, diferentes tiempos de emulsificación se realizaron de acuerdo a la Tabla 2, y todas las emulsiones formadas fueron del tipo de aceite en agua. La sonda Sonicator, generó fuerzas disruptivas que redujeron el diámetro de la gota convirtiendo la emulsión gruesa en nanoemulsión. El calor, que se genera durante el proceso de emulsificación mediante un método de alta energía como la emulsión ultrasónica, se reduce al colocar el recipiente en baño con hielo. Finalmente, se caracterizaron las nanoemulsiones formuladas.

2.4 Caracterización fisicoquímica de la nanoemulsión

2.4.1 Medición de pH y conductividad

Los valores de pH de las dispersiones recién preparadas se midieron usando un medidor de pH (510 pH Oakton, Malasia). La conductividad se midió utilizando el mismo equipo con un electrodo de plástico conductor calibrado con solución de KCl 0,01 M siendo la conductividad específica (K) de 1413 $\mu v\ cm^{-1}$ a 25 ± 1 °C.

2.4.2 Índice de blancura

El color de las nanoemulsiones se midió con un colorímetro Minolta CR-10 (Konica Minolta Sensing, Inc., Osaka, Japón) a temperatura ambiente. Se determinaron los valores CIE L *, a *, y b *, y se calculó el índice de blancura (IB) con Eq. 2 [33].

$$IB = 100 - ((100 - L)^2 + (a^2 + b^2))^{0.5} \qquad (2)$$

2.5 Medida del tamaño de partículas y del índice de polidispersidad (PDI)

El tamaño medio de partícula (Z-average) y el Índice de Poli Dispersividad (PDI) de las nanoemulsiones generadas se analizaron mediante Zetasizer Nano ZS (Malvern Instruments, Reino Unido) a una longitud de onda de 633 nm y un ángulo de dispersión de 173° a 25 °C. El valor del diámetro promedio, se conoce como el diámetro hidrodinámico promedio ponderado de intensidad armónica de las emulsiones y se consideró como tamaño de partícula medio, mediante dispersión de luz dinámica (DLS), que mide el movimiento browniano de las partículas. El movimiento browniano depende del tamaño de partícula y la viscosidad del agente dispersante. Las muestras se prepararon diluyendo todas las nanoemulsiones generadas con agua Milli-Q. La dilución de las emulsiones se realiza para purgar el efecto de viscosidad que surge debido a los ingredientes (surfactante) y minimizar los múltiples efectos de dispersión. Todas las mediciones se realizaron por triplicado. El PDI fue una medida adimensional de la distribución de tamaño calculado a partir del análisis acumulativo que va de 0 a 1. Un pequeño valor de PDI indica una población monodispersa mientras que un PDI grande indica una distribución más amplia del tamaño de partícula.

2.6 Potencial Zeta (ZP)

La carga eléctrica presente en la superficie de la partícula es un parámetro útil para predecir la estabilidad física de los sistemas coloidales y se midió utilizando un Zetasizer Nano ZS (Malvern Instruments, Reino Unido). Las muestras se diluyeron con agua Milli-Q antes de la medición. Las muestras se inyectaron en una celda capilar plegada para la medición de la carga. Los valores de ZP proporcionan información sobre las fuerzas de repulsión o atracción entre partículas en la emulsión.

2.7 Crio - Microscopía Electrónica de Transmisión (Cryo-TEM)

Cryo-TEM se hizo con el fin de confirmar el tamaño de partícula y caracterizar la forma y estructura de las nanoemulsiones. Las muestras se congelaron con un Cryoplunge 3 - Cp3 (Gatan, Inc. EE.UU.). La cámara ambiental fue operada a 25 °C y con un 73 % de humedad relativa. Las muestras se diluyeron en la proporción de 10 µL de muestra y 990 µL de agua destilada. Se aplicó una gotita de la nanoemulsión sobre una rejilla recubierta de carbón Holey. Después de 30 s, la suspensión se secó durante 4,0 s con papel de filtro Whatman N° 1 utilizando el instrumental, sensor de borrado e inmediatamente se sumergió en etano líquido justo por encima de su punto de congelación (-183 °C). Las muestras vitrificadas se visualizaron a temperatura de nitrógeno líquido en un microscopio electrónico de transmisión JEM-2100 (JEOL, EE. UU.) Operado a 80 kV, y para evitar la recristalización del hielo vítreo, la etapa fría se mantuvo a menos de -170 °C durante la observación. Las micrografías adquirieron a una ampliación nominal de 25,000x en un desenfoque de -5760 nm y se capturaron con una cámara UltraScan XP.

2.8 Análisis estadístico

El análisis estadístico se realizó utilizando SAS (Statistical Analysis System Version 9.0). Se aplicó el análisis de varianza unidireccional (ANOVA) para determinar la importancia de las diferencias entre los ensayos. Se aplicó una prueba de Duncan media comparativa (p < 0,05) para establecer la importancia de las diferencias entre cada grupo.

3. Resultados y discusión

3.1 pH, conductividad eléctrica y tensión superficial

La caracterización fisicoquímica incluyó medidas de pH, conductividad y índice de blancura de todas las nanoemulsiones formuladas (Tabla 3). Los resultados mostraron que los valores de pH de las formulaciones recién preparadas disminuyeron a medida que aumentaba la proporción de ácido esteárico en las formulaciones (gráfico 3). El análisis de varianza muestra diferencias significativas (p < 0.05) en todas las muestras de emulsión.

La conductividad eléctrica de las nanoemulsiones se midió para determinar el sistema de fase (o/w o w/o). Las nanoemulsiones de aceite en agua son altamente conductoras porque el agua es la fase continua que permite una mayor libertad de movilidad de los iones. Por otro lado, el agua en los sistemas de aceite, donde el agua está en la fase interna, es menos conductora [1, 34, 35, 36]. A partir de los valores de conductividad del Gráfico 3, las formulaciones de nanoemulsión se detectaron como nanoemulsiones de aceite en agua, en consecuencia, este parámetro se vio afectado de forma inversa por la concentración de aceite.

Los datos del índice de blancura, indicados en la Tabla 3, presentaron valores que van desde 68.13 a 73.71. Por ejemplo, la formulación F13 mostró el valor más bajo y F14 el valor más alto. Estos resultados también se observaron mediante examen visual que muestra todas las nanoemulsiones en un aspecto lechoso blanco como se puede ver en la Figura 1. Sin embargo, las mediciones de WI son significativamente diferentes ($p < 0,05$) dependiendo de la concentración de lípidos y tensioactivos empleados en su preparación. La apariencia de la emulsión está determinada principalmente por la presencia de concentración de aceite y tamaño de partícula, por lo tanto, parámetros tales como el índice de refracción de fase continua y dispersa influyen directamente en las propiedades ópticas de la emulsión [37, 38]. El aspecto óptico de las nanoemulsiones es un factor importante a tener en cuenta para el desarrollo de nuevos productos. De esta manera, las nanoemulsiones de ácido esteárico podrían ser adecuadas para incorporar en productos alimenticios lácteos.

3.2 Ajuste del modelo de superficie de respuesta

Los valores de tamaño de partícula de las nanoemulsiones de ácido esteárico obtenidas de todos los experimentos se muestran en la Tabla 2. Los datos experimentales se usaron para calcular los coeficientes de la ecuación polinómica de segundo orden (Ec 3), que se usaron para predecir los valores del tamaño de las partículas. Los valores predichos por el modelo estuvieron de acuerdo con los resultados experimentales obtenidos a partir del diseño de RSM (Tabla 2).

$$(3)$$

$$Y = 124.40116 - 105.47138X_1 - 1388.04743X_2 + 56.32726X_3 + 377.35753X_1 X_2$$
$$- 10.29352X_1 X_3 - 28.59719X_2 X_3 + 23.27982X_1^2 + 570.02228X_2^2 + 0.35878X_3^2 +$$
$$3.83965X_1 X_2 X_3 - 22.22928X_1^2 X_2 - 93.68520X_1 X_2^2$$

Dónde: Y es el tamaño de partícula (nm); X1, X2, X3 son ácido esteárico y concentración de Tween 80, respectivamente, y X3 es el tiempo de sonicación.

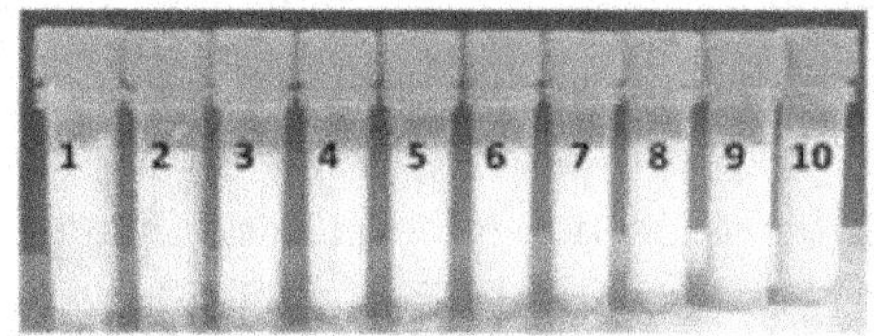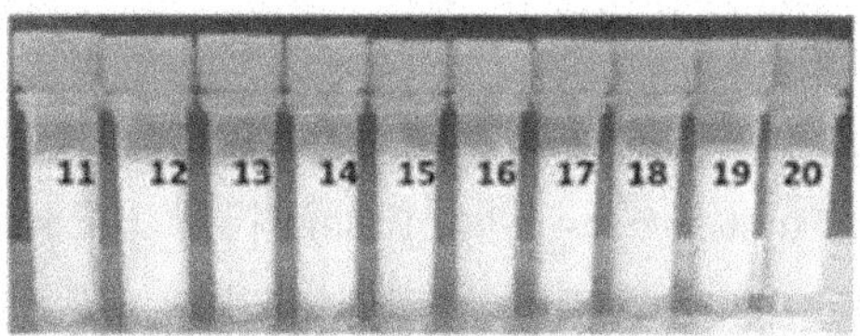

Figura 1. Aspecto óptico de las nanoemulsiones de ácido esteárico.

Tabla 3. Caracterización fisicoquímica de nanoemulsiones de ácido esteárico.

Formulación	pH	Conductividad eléctrica (µS/cm)	Índice de blancura
F1	5.18 ± 0.01 [c]	34.13 ± 0.06 [a]	70.22 ± 0.06 [g]
F2	4.84 ± 0.02 [g]	26.73 ± 0.31 [g]	72.97 ± 0.01 [d]
F3	5.04 ± 0.03 [e]	14.90 ± 0.10 [m]	69.26 ± 0.06 [h]
F4	4.88 ± 0.03 [f]	28.70 ± 0.20 [e]	72.98 ± 0.06 [d]
F5	4.19 ± 0.02 [k]	23.40 ± 0.20 [h]	72.30 ± 0.17 [e]
F6	4.24 ± 0.02 [j]	19.37 ± 0.15 [k]	72.39 ± 0.17 [e]
F7	4.25 ± 0.02 [j]	20.03 ± 0.25 [j]	72.85 ± 0.10 [d]
F8	4.00 ± 0.01 [l]	20.97 ± 0.15 [i]	73.18 ± 0.06 [c]
F9	4.85 ± 0.02 [fg]	31.07 ± 0.15 [c]	71.97 ± 0.09 [f]
F10	5.11 ± 0.01 [d]	18.40 ± 0.10 [l]	69.26 ± 0.06 [h]
F11	5.24 ± 0.02 [b]	19.47 ± 0.15 [k]	68.61 ± 0.05 [i]
F12	4.41 ± 0.02 [i]	32.00 ± 0.17 [b]	73.36 ± 0.11 [b]
F13	5.29 ± 0.02 [a]	13.00 ± 0.16 [n]	68.13 ± 0.05 [j]
F14	4.63 ± 0.02 [h]	29.80 ± 0.10 [d]	73.54 ± 0.05 [a]
*F15	4.64 ± 0.03 [h]	27.34 ± 0.44 [f]	73.28 ± 0.13 [bc]

Los valores experimentales son la media ± desviación estándar de cada muestra (n=3). Medias con diferente letra en la misma columna indican diferencia significativa ($p < 0.05$) de acuerdo a la prueba de Duncan. *Promedio de las 6 repeticiones en el punto central.

El análisis de varianza (ANOVA) mostró que el modelo polinómico cúbico resultante fue significativo, con una probabilidad de 0.03 % y representaba adecuadamente los datos experimentales con un coeficiente de determinación de 0.8820 (R^2). El coeficiente de determinación obtenido mostró que más del 88 % de la variación de respuesta en el tamaño de partícula podría describirse mediante el modelo RSM como la función de las principales variables de preparación de la nanoemulsión, y solo el 12 % de la variabilidad debe ser resultado de valores atípicos no contabilizados (cambios en el comportamiento del sistema, error humano, error de instrumentación, o simplemente a través de la desviación natural de una situación estándar) [39]. Este modelo también mostró una falta de ajuste estadísticamente no significativa (P = 0.4539) para el modelo final reducido. Esto indica que el modelo de polinomio cúbico obtenido fue adecuado para describir la influencia de las variables independientes estudiadas sobre el tamaño de partícula de las nanoemulsiones de ácido esteárico. Los valores de la probabilidad a menudo se utilizan para verificar el significado de cada uno de los coeficientes de regresión de una ecuación polinomial. Para cualquiera de los términos en el modelo, un gran valor F y un pequeño valor P indicarían un efecto más significativo en la variable de respuesta [40]. Por lo tanto, la variable con el mayor efecto sobre el tamaño de partícula de las nanoemulsiones de ácido esteárico fue el término lineal del tiempo de sonicación, seguido del término lineal de la concentración de ácido esteárico.

3.3 Análisis de superficie de respuesta

Para obtener una mejor comprensión de los efectos de interacción de las variables sobre el tamaño de partícula, se trazaron gráficos de superficie tridimensionales frente a dos variables independientes (ácido esteárico y concentración de Tween 80), mientras que otra variable (tiempo de sonicación) se mantuvo en su nivel (-1) inferior, (0) central y (+) superior. Los diagramas de contorno y superficie de la respuesta calculados (tamaño de partícula) para las interacciones entre las variables se presentan en la Figura 2A-C.

Como se ve en la Figura 2A, el aumento en el contenido de tensioactivo da como resultado una reducción del tamaño de partícula de las nanoemulsiones. De hecho, Mehmood [41] y Polychniatou y Tzia [42] señalaron que con el aumento de la concentración de surfactante, el tamaño de partícula disminuyó debido a sus efectos sobre la tensión interfacial de la mezcla aceite-agua. Rebolleda et al. [43] también estudió el efecto del contenido de surfactante en el tamaño de partícula. Afirmaron que un aumento del contenido de surfactante entre 1-7 % (p / p) da como resultado un tamaño de partícula más pequeño y podría explicarse por el papel del surfactante en la emulsión, ya que su concentración determina el área superficial total de la gotita, la velocidad de difusión y los fenómenos de adsorción en el surfactante sobre las gotitas recién formadas. Sin embargo, un contenido excesivo de tensioactivo puede conducir a una menor velocidad de difusión de los tensioactivos que puede dar lugar a un efecto opuesto, la coalescencia de las gotas de la emulsión [30].

La Figura 2A-B demuestra que el tamaño de partícula aumenta con la concentración de ácido esteárico. Varios autores informaron el mismo comportamiento para la investigación de la fase oleosa sobre emulsificación ultrasónica [26, 31]. Este efecto se debe probablemente a un aumento en la fase oleosa, el proceso de disrupción de las gotas se vuelve más difícil debido a un aumento en la viscosidad de la fase dispersa que conduce a un aumento en la resistencia al flujo y por lo tanto la tasa de ruptura de gotitas es severamente restringido [22, 44].

El tiempo de ultrasonido es un parámetro importante relacionado con el equilibrio termodinámico en un sistema de nanoemulsión o / w y afecta la velocidad de adsorción de los surfactantes en la superficie de las gotitas y la distribución del tamaño de partícula de las gotitas recién formadas. En el presente estudio, el tamaño de partícula de las nanoemulsiones depende del tiempo de sonicación ya que el término lineal tiene un efecto principalmente significativo (p < 0.05). En tiempos de sonicación más bajos (Figura 2A), el tamaño de partícula permanece bajo, pero a tiempos de sonicación más altos (Figura 2C) se observó un aumento significativo en el tamaño de partícula. En la mayoría de los casos, el aumento de la amplitud ultrasónica o el tiempo de irradiación generalmente dieron como resultado una reducción en el tamaño medio de partícula. En este caso, los resultados indican claramente que al aumentar el tiempo de ultrasonido se produjo un aumento en el tamaño de partícula. Este comportamiento ha sido descrito en la literatura por varios trabajos [30, 31, 43, 45, 46]. Esto podría atribuirse al efecto del procesamiento excesivo de la emulsificación, que conduce a la coalescencia de las gotitas [18]. Otra explicación posible se debe a un mayor tiempo de irradiación ultrasónica, se generan turbulencias locales intensas y un campo de flujo de cizalladura en las proximidades de la sonda de micropunta y esta mayor fuerza turbulenta promueve una mayor tasa de colisión entre las gotitas. Por lo tanto, las gotas vecinas adyacentes a la región de las fuerzas de radiación acústica tienden a unirse y formar gotas de emulsión más grandes, lo que resulta en un aumento del tamaño de partícula [31].

Las gráficas de perturbación muestran el efecto de cada uno de los factores en un punto particular en el área del diseño de superficie de respuesta. En la Figura 3 se observa que los factores A (ácido esteárico) y C (tiempo de sonicación) tienen un efecto más pronunciado que el factor B (Tween 80) sobre el tamaño de partícula. Estudios previos ya han demostrado la influencia del tiempo de sonicación en el tamaño de partícula [31, 43].

La función de conveniencia (desirability) del método es ampliamente usada para la optimización de procesos con una o múltiples respuestas. El software Design Expert determina las condiciones que proporcionan la respuesta más conveniente dentro de los límites establecidos. Las selecciones de condiciones

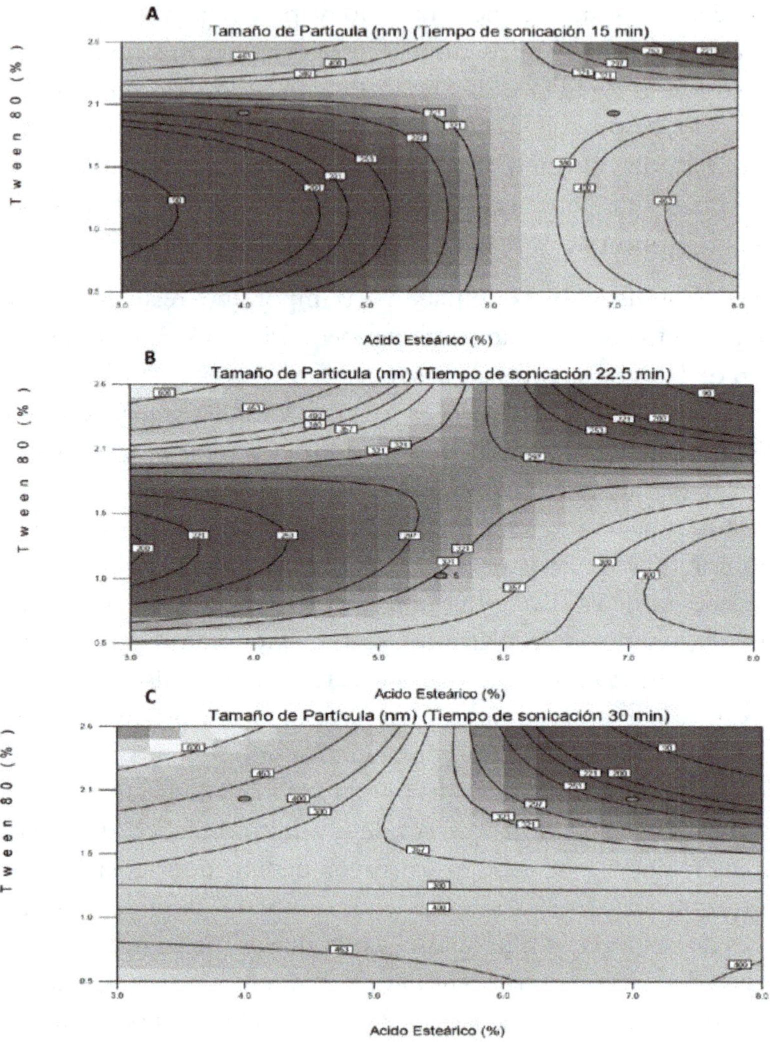

Figura 2. Gráficas de curvas de nivel mostrando el efecto de la concentración de ácido esteárico y Tween 80 sobre el tamaño de partícula de las nanoemulsiones de ácido esteárico a diferentes tiempos de sonicación.

óptimas se realizaron sobre la base de la función de deseabilidad. Los niveles de ingredientes óptimos combinados para la respuesta con la deseabilidad máxima (1.0) fueron 4.08 % para la concentración de ácido esteárico, 1.22 % para Tween 80 y 19.18 minutos de tiempo de sonicación. Sivakumar et al. [50] describen que un valor de deseabilidad diferente de cero implica que todas las respuestas están simultáneamente dentro de un rango deseado, y para un valor de conveniencia igual a 1 la combinación de diferentes criterios es óptima. La respuesta (tamaño de partícula) a este nivel fue de 198,46 nm (Figura 4).

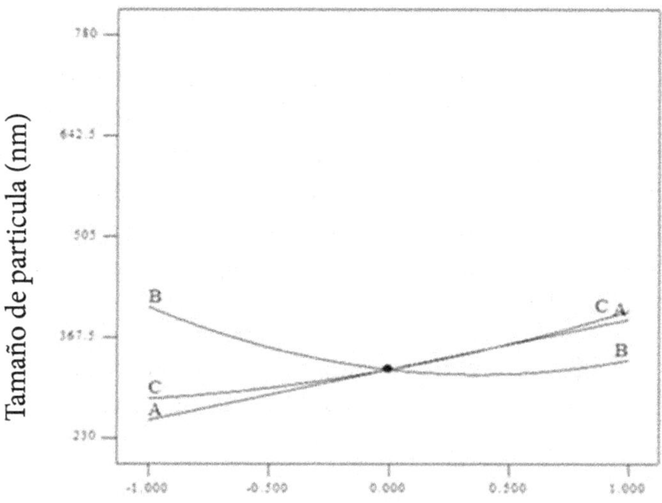

Desviacion del punto de referencia (Unidades Codificadas)

Figura 3. Gráfica de perturbación mostrando el efecto de las variables (*A*) concentración de ácido esteárico, (*B*) concentración de Tween 80 y (*C*) tiempo de sonicación sobre el tamaño de partícula de nanoemulsiones de ácido esteárico.

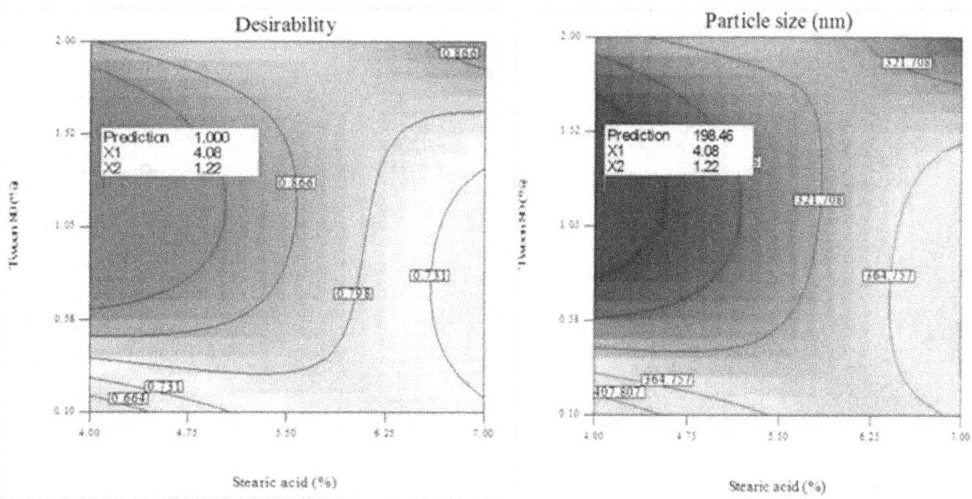

Figura 4. Gráficas de conveniencia representando los valores predichos para obtener el tamaño mínimo de partícula generada por el programa Design-Expert. Los contornos del verde a rojo indican el mínimo al máximo del valor de conveniencia y los contornos del verde al azul indican el mínimo al máximo del tamaño de partícula de las nanoemulsiones de ácido esteárico. En el recuadro se observan las concentraciones de proceso óptimas predichas para la concentración de ácido esteárico (X_1) y la concentración de Tween 80 (X_2).

3.4 Índice de polidispersidad (PDI)

El PDI es una medida adimensional de la amplitud de la distribución del tamaño de partícula y caracteriza la dispersión de los sistemas respecto a la desviación a partir del tamaño promedio, este puede variar entre 0 - 1. Los valores bajos de PDI indican una distribución monodispersa mientras que grandes valores de PDI indican una amplia distribución del tamaño de partícula. Los valores de este parámetro deben ser lo más bajos posible para lograr una mayor estabilidad de las nanodispersiones a largo plazo [31].

Los valores de PDI obtenidos en este trabajo estuvieron entre 0.125 a 0.750 (Tabla 2). En este caso las muestras con valores de PDI mayores a 0.5 presentan una distribución amplia de tamaño de partícula.

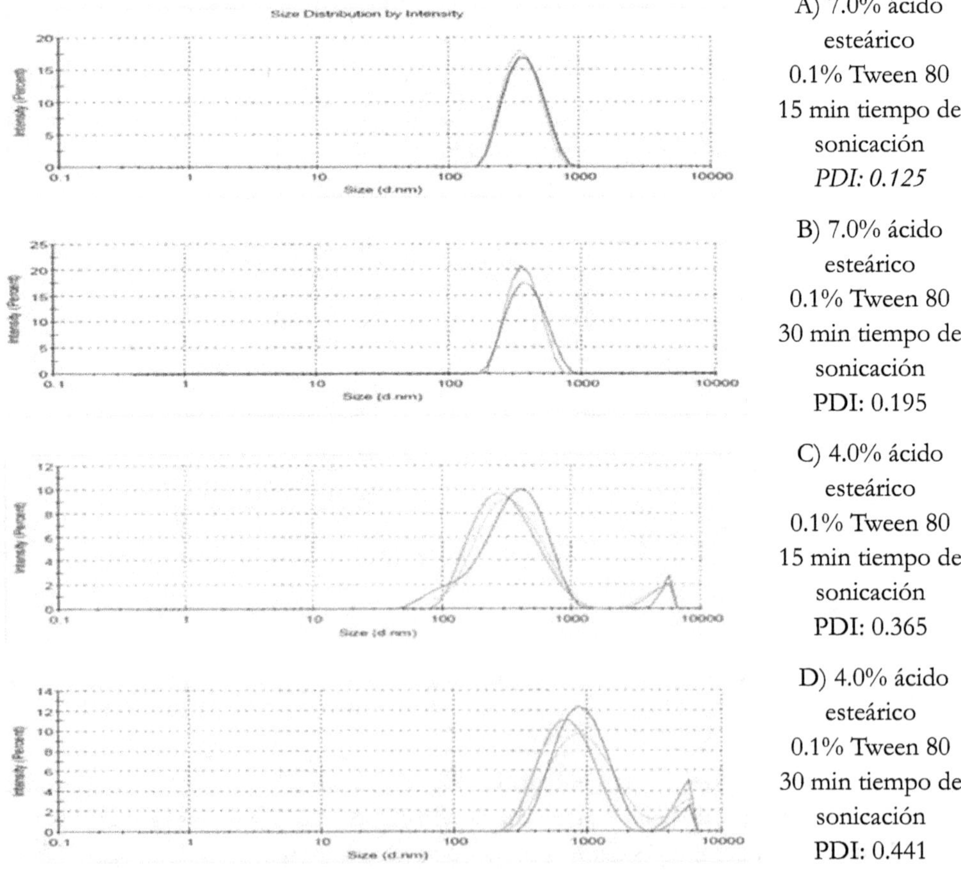

Figura 5. Gráficas de distribución de tamaño de partícula expresadas en intensidad para las nanoemulsiones de ácido esteárico seleccionadas.

En la Figura 5 se presentan las gráficas de distribución de tamaño mostrando el efecto de la concentración de ácido esteárico y el tiempo de sonicación, siendo este último el principal factor que afecta este parámetro. Se observaron valores bajos de PDI en tiempos de sonicación bajos (Figuras 5A y B). El aumento del tiempo de ultrasonido llevaría a un aumento en PDI (Figuras 5C y D) porque promueve una alta tasa de coalescencia que da como resultado un gran tamaño de partícula, este fenómeno contribuyó a un alto índice de polidispersidad. No existen suficientes estudios que reporten el efecto del proceso ultrasónico sobre el PDI. Sin embargo, a manera de comparación algunas investigaciones previas empleando la emulsificación a alta presión han reportado que un incremento en la presión de homogeneización resultó en un aumento del PDI de las nanoemulsiones preparadas [32, 47-49].

Agradecimientos

Grisel Adriana Flores-Miranda reconoce a CONACyT-México (Beca 296035) por la beca de Doctorado. Los autores agradecen al Instituto Politécnico Nacional, por su apoyo a la investigación realizada en este artículo (Proy. SIP: 20160241 y 2017053). Nos gustaría expresar nuestra gratitud al Dr. Raul Borja-Urby en CNMN-IPN por su valiosa ayuda para lograr la microscopía electrónica Cryo-Transmission (Cryo-TEM).

Referencias

1. Bhosale, R. R., Osmani, R. A., Ghodake, P. P., Shaikh. S. M., & Chavan, S.R. (2014). Nanoemulsion: A Review on Novel Profusion in Advanced Drug Delivery. *Indian Journal of Pharmaceutical and Biological Research*, 2(1), 122.

2. Acosta, E. (2009). Bioavailability of nanoparticles in nutrient and nutraceutical delivery. *Current Opinion in Colloid & Interface Science*, 14(1), 3-15. https://doi.org/10.1016/j.cocis.2008.01.002

3. McClements, D. J., Decker, E.A., & Weiss, J. (2007). Emulsion-based delivery systems for lipophilic bioactive components. *Journal of Food Science*, 72(8), R109-R124. https://doi.org/10.1111/j.1750-3841.2007.00507.x

4. Tadros, T., Izquierdo, P., Esquena, J., Solans, C. (2004). Formation and stability of nano-emulsions. *Advances in Colloid and Interface Science*, 108, 303-318. https://doi.org/10.1016/j.cis.2003.10.023

5. Ghosh, V., Mukherjee, A., & Chandrasekaran, N. (2014). Optimization of Process Parameters to Formulate Nanoemulsion by Spontaneous Emulsification: Evaluation of Larvicidal Activity Against Culex quinquefasciatus Larva. *BioNanoScience*, 4(2),157-165. https://doi.org/10.1007/s12668-014-0131-z

6. McClements, D.J. (2004). *Food emulsions: principles, practices, and techniques*. CRC Press.

7. Hu, J., Johnston, K. P., & Williams III, R. O. (2004). Nanoparticle engineering processes for enhancing the dissolution rates of poorly water soluble drugs. *Drug development and Industrial Pharmacy* 30(3), 233-245. https://doi.org/10.1081/DDC-120030422

8. Kesisoglou, F., Panmai, S., Wu, Y. (2007). Application of nanoparticles in oral delivery of immediate release formulations. *Current Nanoscience,* 3(2),183-190. https://doi.org/10.2174/157341307780619251

9. Sanguansri, P., & Augustin, M. A. (2006). Nanoscale materials development-a food industry perspective. *Trends in Food Science & Technology*, 17(10), 547-556. https://doi.org/10.1016/j.tifs.2006.04.010

10. Weiss, J., Decker, E. A., McClements, D. J., Kristbergsson, K., Helgason, T., & Awad, T. (2008) Solid lipid nanoparticles as delivery systems for bioactive food components. *Food Biophysics*, 3(2),146-154. https://doi.org/10.1007/s11483-008-9065-8

11. Wissing, S. A., Kayser, O., & Müller, R. H. (2004). Solid lipid nanoparticles for parenteral drug delivery. *Advanced Drug Delivery Reviews,* 56(9),1257-1272. http://dx.doi.org/10.1016/j.addr.2003.12.002, https://doi.org/10.1016/j.addr.2003.12.002

12. Ghosh, V., Mukherjee, A., & Chandrasekaran, N. (2013). Ultrasonic emulsification of food-grade nanoemulsion formulation and evaluation of its bactericidal activity. *Ultrasonics Sonochemistry*, 20(1), 338-344. https://doi.org/10.1016/j.ultsonch.2012.08.010

13. Severino, P., Pinho, S. C., Souto, E. B., Santana, M. H. (2011). Polymorphism, crystallinity and hydrophilic-lipophilic balance of stearic acid and stearic acid-capric/caprylic triglyceride matrices for production of stable nanoparticles. *Colloids and Surfaces B: Biointerfaces*, 86(1),125-130. https://doi.org/10.1016/j.colsurfb.2011.03.029

14. Basri, M., Rahman, R. N., Ebrahimpour, A., Salleh, A. B., Gunawan, E. R., & Rahman, M. B. (2007). Comparison of estimation capabilities of response surface methodology (RSM) with artificial neural network (ANN) in lipase-catalyzed synthesis of palm-based wax ester. *BMC biotechnology*, 7(1), 53. https://doi.org/10.1186/1472-6750-7-53

15. Hippalgaonkar, K., Majumdar, S., & Kansara, V. (2010). Injectable lipid emulsions-advancements, opportunities and challenges. *AAPS PharmSciTech*, 11(4), 1526-1540. https://doi.org/10.1208/s12249-010-9526-5

16. Fundarò, A., Cavalli, R., Bargoni, A., Vighetto, D., Zara, G. P., & Gasco, M. R. (2000). Non-stealth and stealth solid lipid nanoparticles (SLN) carrying doxorubicin: pharmacokinetics and tissue distribution after i.v. administration to rats. *Pharmacological Research*, 42(4), 337-343. https://doi.org/10.1006/phrs.2000.0695

17. Silva, H. D., Cerqueira, M. Â., & Vicente, A. A. (2012). Nanoemulsions for food applications: development andccharacterization. *Food and Bioprocess Technology*, 5(3), 854-867. https://doi.org/10.1007/s11947-011-0683-7

18. Ghosh, V., Mukherjee, A., & Chandrasekaran, N. (2013). Influence of process parameters on droplet size of nanoemulsion formulated by ultrasound cavitation. *Journal of Bionanoscience*, 7(5), 580-584. https://doi.org/10.1166/jbns.2013.1187

19. Lin, C-Y., & Chen, L-W. (2008). Comparison of fuel properties and emission characteristics of two- and three-phase emulsions prepared by ultrasonically vibrating and mechanically homogenizing emulsification methods. *Fuel*, 87(10-11), 2154-2161. https://doi.org/10.1016/j.fuel.2007.12.017

20. Behrend, O, Ax, K, & Schubert, H (2000). Influence of continuous phase viscosity on emulsification by ultrasound. *Ultrasonics Sonochemistry*, 7 (2), 77-85. https://doi.org/10.1016/S1350-4177(99)00029-2

21. Maa, Y-F., & Hsu, C. C. (1999). Performance of sonication and microfluidization for liquid-liquid emulsification. *Pharmaceutical Development and Technology*, 4(2), 233-240. https://doi.org/10.1081/PDT-100101357

22. Abismaïl, B., Canselier, J. P., Wilhelm, A. M., Delmas, H., & Gourdon, C. (1999). Emulsification by ultrasound: drop size distribution and stability. *Ultrasonics Sonochemistry*, 6(1-2), 75-83. https://doi.org/10.1016/S1350-4177(98)00027-3

23. Jafari, S. M., He, Y., & Bhandari, B. (2007). Production of sub-micron emulsions by ultrasound and microfluidization techniques. *Journal of Food Engineering*, 82(4), 478-488. https://doi.org/10.1016/j.jfoodeng.2007.03.007

24. Nakabayashi, K., Amemiya, F., Fuchigami, T., Machida, K., Takeda, S., Tamamitsu, K., & Atobe, M. (2011). Highly clear and transparent nanoemulsion preparation under surfactant-free conditions using tandem acoustic emulsification. *Chem Commun*, 47(20), 5765-5767. https://doi.org/10.1039/c1cc10558b

25. Yuan, Y., Gao, Y., Mao, L., & Zhao, J. (2008). Optimisation of conditions for the preparation of -carotene nanoemulsions using response surface methodology. *Food Chemistry*, 107(3), 1300-1306. https://doi.org/10.1016/j.foodchem.2007.09.015

26. Zainol, S., Basri, M., Basri, H. B., Shamsuddin, A. F., Abdul-Gani, S. S., Karjiban, R. A., & Abdul-Malek, E. (2012) Formulation optimization of a palm-based nanoemulsion system containing levodopa. *International Journal of Molecular Sciences*, 13(10), 13049-13064. https://doi.org/10.3390/ijms131013049

27. Sun, Y., Liu, J., & Kennedy, J. F. (2010). Application of response surface methodology for optimization of polysaccharides production parameters from the roots of Codonopsis pilosula by a central composite design. *Carbohydrate Polymers*, 80(3), 949-953. https://doi.org/10.1016/j.carbpol.2010.01.011

28. Bezerra, MA., Santelli, RE, Oliveira, EP, Villar, LS., & Escaleira, LA (2008) Response surface methodology (RSM) as a tool for optimization in analytical chemistry. *Talanta*, 76(5), 965-977. https://doi.org/10.1016/j.talanta.2008.05.019

29. Myer, R., & Montgomery, D. C. (2002). *Response surface methodology: process and product optimization using designed experiment*. John Wiley and Sons, New York.

30. Li, P-H., & Chiang, B-H. (2012). Process optimization and stability of d-limonene-in-water nanoemulsions prepared by ultrasonic emulsification using response surface methodology. *Ultrasonics Sonochemistry*, 19(1),192-197. https://doi.org/10.1016/j.ultsonch.2011.05.017

31. Tang, S.Y., Manickam, S., Wei, T. K., & Nashiru, B. (2012). Formulation development and optimization of a novel Cremophore EL-based nanoemulsion using ultrasound cavitation. *Ultrasonics Sonochemistry*, 19(2), 330-345. https://doi.org/10.1016/j.ultsonch.2011.07.001

32. Anarjan, N., Mirhosseini, H., Baharin, B. S., & Tan, C. P. (2010). Effect of processing conditions on physicochemical properties of astaxanthin nanodispersions. *Food Chemistry*, 123(2), 477-483. https://doi.org/10.1016/j.foodchem.2010.05.036

33. Salvia-Trujillo, L., Rojas-Graü, A., Soliva-Fortuny, R., & Martín-Belloso, O. (2013). Physicochemical characterization of lemongrass essential oil-alginate nanoemulsions: effect of ultrasound processing parameters. *Food and Bioprocess Technology*, 6(9), 2439-2446. https://doi.org/10.1007/s11947-012-0881-y

34. Üstündağ Okur, N., Apaydın, Ş., Karabay Yavaşoğlu, N. Ü., Yavaşoğlu, A., & Karasulu, H. Y. (2011). Evaluation of skin permeation and anti-inflammatory and analgesic effects of new naproxen microemulsion formulations. *International Journal of Pharmaceutics*, 416(1), 136-144.

35. Devarajan, V, & Ravichandran, V. (2011) Nanoemulsions: As modified drug delivery tool. *International journal of comprehensive pharmacy* 4(01),1-6.

36. Talegaonkar, S., Tariq, M., & Alabood, R. M. (2011). FOR THE TRANSDERMAL DELIVERY OF ONDANSETRON. *Bulletin of Pharmaceutical Research*, 1(3), 18-30.

37. Chantrapornchai, W., Clydesdale, F., & McClements, D. J. (1998). Influence of droplet size and concentration on the color of oil-in-water emulsions. *Journal of Agricultural and Food Chemistry*, 46(8), 2914-2920 https://doi.org/10.1021/jf980278z

38. Salvia-Trujillo, L., Rojas-Graü, M. A., Soliva-Fortuny, R., & Martín-Belloso, O. (2013). Effect of processing parameters on physicochemical characteristics of microfluidized lemongrass essential oil-alginate nanoemulsions. *Food Hydrocolloids*, 30(1), 401-407. https://doi.org/10.1016/j.foodhyd.2012.07.004

39. Rahman, M. S., & Amri, A. (2011). Effect of outlier on coefficient of determination. International Journal of Education Research, 6(1), 9-20.

40. Quanhong, L, & Caili, F. (2005). Application of response surface methodology for extraction optimization of germinant pumpkin seeds protein. *Food Chemistry*, 92(4), 701-706. https://doi.org/10.1016/j.foodchem.2004.08.042

41. Mehmood, T. (2015). Optimization of the canola oil based vitamin E nanoemulsions stabilized by food grade mixed surfactants using response surface methodology. *Food Chemistry*, 183, 1-7. https://doi.org/10.1016/j.foodchem.2015.03.021

42. Polychniatou, V., & Tzia, C. (2014). Study of formulation and stability of co-surfactant free water-in-olive oil nano-and submicron emulsions with food grade non-ionic surfactants. *Journal of the American Oil Chemists' Society*, 91(1), 79-88. https://doi.org/10.1007/s11746-013-2356-3

43. Rebolleda, S., Sanz, MT., Benito, JM, Beltrán, S., Escudero, I., & González San-José, ML (2015). Formulation and characterisation of wheat bran oil-in-water nanoemulsions. *Food Chemistry*, 167, 16-23. https://doi.org/10.1016/j.foodchem.2014.06.097

44. Jumaa, M, & Müller, BW (1998). The effect of oil components and homogenization conditions on the physicochemical properties and stability of parenteral fat emulsions. *International Journal of Pharmaceutics*, 163(1-2), 81-89. https://doi.org/10.1016/S0378-5173(97)00369-4

45. Kentish, S., Wooster, TJ, Ashokkumar, M, Balachandran, S., Mawson, R, & Simons, L (2008). The use of ultrasonics for nanoemulsion preparation. *Innovative Food Science & Emerging Technologies*, 9(2), 170-175. https://doi.org/10.1016/j.ifset.2007.07.005

46. Fathi, M., Mozafari, M. R., & Mohebbi, M. (2012). Nanoencapsulation of food ingredients using lipid based delivery systems. *Trends in Food Science & Technology*, 23(1), 13-27. https://doi.org/10.1016/j.tifs.2011.08.003

47. Cheong, J. N., Tan, C. P., Man, Y. B. C., & Misran, M. (2008). Tocopherol nanodispersions: Preparation, characterization and stability evaluation. *Journal of Food Engineering*, 89(2), 204-209. https://doi.org/10.1016/j.jfoodeng.2008.04.018

48. Chu, B-S., Ichikawa, S., Kanafusa, S., & Nakajima, M. (2007). Preparation of protein-stabilized -carotene nanodispersions by emulsification-evaporation method. *Journal of the American Oil Chemists' Society*, 84(11), 1053-1062 https://doi.org/10.1007/s11746-007-1132-7

49. Floury, J, Desrumaux, A., & Lardières, J (2000). Effect of high-pressure homogenization on droplet size distributions and rheological properties of model oil-in-water emulsions. *Innovative Food Science & Emerging Technologies*, 1(2), 127-134. https://doi.org/10.1016/S1466-8564(00)00012-6

50. Sivakumar, T., Manavalan, R., & Valliappan, K. (2007). Global optimization using Derringer's desirability function: enantioselective determination of ketoprofen in formulations and in biological matrices. *Acta Chromatographica*, 19, 29.

51. Lim, S. S., Baik, M. Y., Decker, E. A., Henson, L., Michael Popplewell, L., McClements, D. J., & Choi, S. J. (2011). Stabilization of orange oil-in-water emulsions: A new role for ester gum as an Ostwald ripening inhibitor. *Food Chemistry*, 128(4), 1023-1028. https://doi.org/10.1016/j.foodchem.2011.04.008

52. Barradas, T. N., de Campos, V. E. B., Senna, J. P., Coutinho, C. d. S. C., Tebaldi, B.S., Silva, K. G. d. H. e., & Mansur, C. R. E. (2015). Development and characterization of promising o/w nanoemulsions containing sweet fennel essential oil and non-ionic sufactants. *Colloids and Surfaces A: Physicochemical and Engineering Aspects*, 480, 214-221. https://doi.org/10.1016/j.colsurfa.2014.12.001

53. Heurtault, B., Saulnier, P., Pech, B., Proust, J-E., & Benoit, J-P. (2003). Physico-chemical stability of colloidal lipid particles. *Biomaterials*, 24(23), 4283-4300. https://doi.org/10.1016/S0142-9612(03)00331-4

54. Simunkova, H., Pessenda-Garcia, P., Wosik, J., Angerer, P., Kronberger, H., & Nauer, G. E. (2009). The fundamentals of nano- and submicro-scaled ceramic particles incorporation into electrodeposited nickel layers: Zeta potential measurements. *Surface and Coatings Technology*, 203(13), 1806-1814. https://doi.org/10.1016/j.surfcoat.2008.12.031

55. Klang, V., Matsko, N. B., Valenta, C., Hofer, F. (2012). Electron microscopy of nanoemulsions: An essential tool for characterisation and stability assessment. *Micron*, 43(2-3), 85-103. https://doi.org/10.1016/j.micron.2011.07.014

PREPARACIÓN DE MATERIALES PARA APLICACIONES TERMOELÉCTRICAS

Martha Leticia Hernández Pichardo[1], Eugenio Rodríguez González[2], Abelardo Flores Vela[3]

[1]ESIQIE
[2]CICATA-ALT
[3]CMPL

mhernandezp@ipn.mx, eurodriguez@ipn.mx, afloresv@ipn.mx

https://doi.org/10.3926/oms.401.3.1

Hernández Pichardo, M. L., Rodríguez González, E., & Flores Vela, A. (2020). Preparación de materiales para aplicaciones termoeléctricas. En E. San Martin Martinez, M. A. Ramírez Salinas (Eds.). *Avances de investigación en Nanociencias, Micro y Nanotecnologías. Barcelona, España: OmniaScience. 67-84.*

Resumen

En la actualidad, la mayoría de las tecnologías industriales para producir energía emplean procesos altamente ineficientes. Por ejemplo, el combustible de los automóviles se transforma en energía útil empleando menos de un 30 % de su poder calorífico, el resto se disipa como calor. Los materiales termoeléctricos son capaces de aprovechar esas pérdidas para producir electricidad ya que cuando éstos se calientan generan un voltaje eléctrico significativo. El principal problema de estos materiales es que éstos deben ser muy buenos transmitiendo la electricidad, pero no el calor. Por lo que en este proyecto se propuso el diseño de nuevos nanomateriales que presenten tendencias hacia un elevado coeficiente Seebeck, una alta conductividad eléctrica y una baja conductividad térmica.

En esta primera parte se diseñó una serie de nanomateriales buscando optimizar sus propiedades eléctricas. Se prepararon materiales de Bi_xSe_y por diferentes métodos de síntesis y a diferentes temperaturas. Los resultados mostraron que el método hidrotérmico generó los materiales con mayor valor de conductividad eléctrica. La caracterización fisicoquímica mostró un efecto de la morfología en las características eléctricas de los mismos.

Palabras Clave: Nanomateriales termoeléctricos; Selenuros de Bismuto; Conductividad Eléctrica.

1. Introducción

La mayoría de los procesos industriales para producir energía están muy lejos de ser eficientes, debido principalmente a que ésta se disipa en forma de calor. Los módulos termoeléctricos nos ofrecen la posibilidad de recuperar parte de esa energía para transformarla en electricidad, abriendo de esta forma una nueva forma de conversión de energía que puede ayudar a resolver problemas energéticos y medio ambientales existentes [1,2]. Los materiales termoeléctricos son capaces de aprovechar esas pérdidas para producir electricidad, ya que éstos pueden convertir directamente el calor en energía eléctrica y viceversa [1].

El efecto termoeléctrico proviene del hecho de que los portadores de carga en metales y semiconductores se pueden mover libremente por el cristal, transportando no solamente la carga sino también calor.

Al aplicarse un gradiente de temperatura a un material, los portadores de carga en el extremo caliente, tienden a difundir hacia el extremo frio. La acumulación de portadores en el extremo frío, resulta en una carga neta (negativa para electrones y positiva para huecos) en ese extremo de la muestra, generando así una diferencia de potencial (voltaje) entre ambos extremos como se representa esquemáticamente en la Figura 1. De esta forma se alcanza un equilibrio entre el potencial químico para la difusión y la repulsión electrostática debido a la acumulación de carga. Esta propiedad, conocida como efecto Seebeck, es la base para la generación de potencia en dispositivos termoeléctricos.

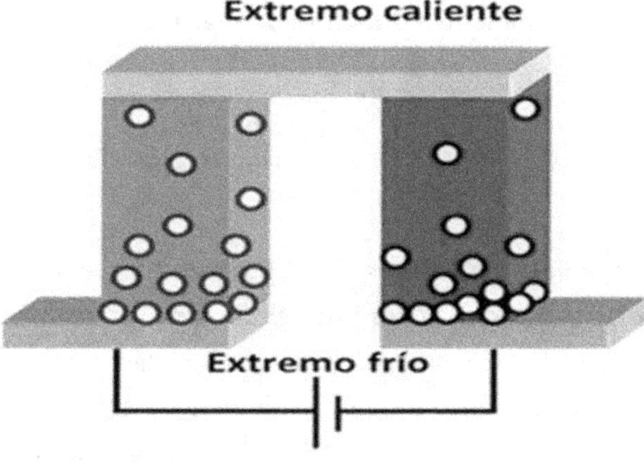

Figura 1. Representación esquemática de la diferencia de potencial.

Dispositivos termoeléctricos contienen un número elevado de pares termoeléctricos (Figura 2, parte inferior) formados por materiales **tipo n** (conteniendo electrones libres) y **tipo p** (conteniendo huecos) conectados eléctricamente en serie y térmicamente en paralelo. (Figura 2, parte superior).

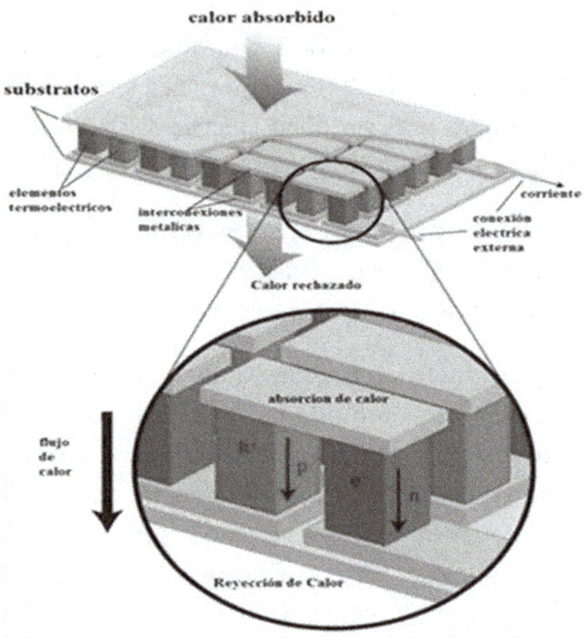

Figura 2. Representación esquemática de un dispositivo termoeléctrico comercial.

Sin embargo, la eficiencia de este tipo de materiales es muy limitada. Los materiales termoeléctricos eficientes deben presentar una alta Figura termoeléctrica de mérito (ZT) definida como

$$zT = \frac{S^2\,T}{\rho\,\kappa} = \frac{\sigma\,S^2\,T}{\kappa}\;;\;\sigma = \frac{1}{\rho}$$

donde T, S, ϱ y $\varkappa$ son los valores de la temperatura absoluta, coeficiente de Seebeck, resistividad eléctrica y la conductividad térmica, respectivamente. Como se aprecia de esta relación, un material con una elevada Figura de mérito zT deberá simultáneamente poseer una alta conductividad eléctrica y coeficiente Seebeck y una baja conductividad térmica. Es por ello que **la obtención de materiales termoeléctricos de alta ZT ha sido un desafío durante mucho tiempo porque estas propiedades a menudo siguen tendencias desfavorablemente opuestas.**

Los termoeléctricos siempre fueron demasiado ineficientes como para ser rentables en la mayoría de las aplicaciones [3]. Sin embargo, a mediados de 1990, hubo un resurgimiento en el interés por estos materiales, cuando las predicciones teóricas sugirieron que la eficiencia termoeléctrica podría mejorarse considerablemente a través de una ingeniería nano-estructural. Estas predicciones teóricas incentivaron esfuerzos experimentales dirigidos no solo a demostrar la prueba de principio sino también a la obtención de nuevos materiales con mayor eficiencia [3,4].

La mejora de ZT en materiales termoeléctricos nanoestructurados se ha obtenido explotando la dispersión de límites de grano que induce una disminución de k y el alto coeficiente de Seebeck obtenido del efecto de confinamiento cuántico o la filtración de energía de baja energía electrones en la interfase [3]. Entre estos enfoques, los métodos físicos para obtener materiales nanoestructurados incluyen la precipitación *in situ* de nanopartículas en fase lenta y la nanostructurización in situ mediante la deformación de los bultos. Sin embargo, los costos de los procesos siguen siendo un desafío para la fabricación de materiales alto-ZT.

La reducción en la conductividad térmica en superredes de película delgada se investigó en los años 80 [3], pero sólo recientemente se ha aplicado en materiales termoeléctricos mejorados. Trabajos realizados con películas de Bi_2Te_3 - Sb_2Te_3 y PbTe-PbSe [3,4,5] y con nano alambres de Silicio [3,4] han demostrado cómo la dispersión de fonones puede reducir la conductividad térmica de la red hasta valores próximos a κ_{min} (0,2-0,5 $\frac{W}{mK}$).

De forma similar se han reportado películas delgadas conteniendo puntos cuánticos embebidos aleatoriamente, las cuales han mostrado conductividades térmicas de la red excepcionalmente bajas [3,4]. En películas delgadas se han reportado valores de zT muy altos (>2), sin embargo las dificultades de medirlas ha transformado en un reto la reproducibilidad de estos materiales en diferentes laboratorios.

Es claro sin embargo que películas delgadas nano-estructuradas y nano alambres exhiben valores de conductividad térmica próximos (o incluso por debajo) de κ_{min} [3], lo cual se traduciría en un incremento del ZT del material, sin embargo se requieren mejoras en los contactos eléctricos y térmicos de esos materiales para obtener de hecho esos valores de ZT en el dispositivo en cuestión.

El uso de materiales en bulto (mm^3) fabricados en forma nano-estructurada evitaría las perjudiciales pérdidas eléctricas y térmicas al mismo tiempo que se pueden utilizar para su producción las rutas de fabricación existentes.

Sin embargo el reto para cualquier sistema de materiales en bulto fabricado en forma nano-estructurada consiste sin lugar a dudas en la dispersión de electrones en las interfaces entre granos orientados aleatoriamente lo cual conlleva a una reducción en la conductividad térmica y eléctrica simultáneamente [3].

Asimismo, los aislantes topológicos (TI), que son aislantes que poseen estados metálicos exóticos en su superficie, han atraído gran interés debido a sus nuevas propiedades y aplicaciones prometedoras. Después del descubrimiento del comportamiento topológico en Bi_xSb_{1-x} y materiales relacionados, el Bi_2Se_3 ha surgido como el mejor candidato para estudiar los estados superficiales topológicos debido a su valor de Eg de aproximadamente 0.3 eV, equivalente a 3.600 K [3]. Este valor de Eg es mucho mayor que la escala de energía a temperatura ambiente,

Significa que el comportamiento como un TI se puede observar a temperatura ambiente. Sin embargo, las propiedades topológicas del Bi_2Se_3 con una alta densidad de portadores a menudo están dominadas por sus tamaños de partícula, y por lo tanto es necesaria la disminución de las dimensiones de Bi_2Se_3 hacia la nanoescala para mejorar los efectos de superficie para dispositivos potenciales. En esta primera etapa del proyecto se prepararon materiales de Bi_xSe_y por diferentes métodos de síntesis y a diferentes temperaturas, buscando modificar su nanoestructura y estudiar su efecto sobre las propiedades eléctricas de los mismos.

2. Métodos y materiales

Preparación de los materiales nanoestructurados de Bi_xSe_y

Los materiales de Bi_xSe_y se sintetizaron por los métodos de coprecipitación y el método hidrotérmico a partir de cloruro de bismuto ($BiCl_3$, Aldrich, 98 %) y tetracloruro de selenio ($SeCl_4$, Aldrich).

- Método de coprecipitación

Se agregan las soluciones acuosas de $BiCl_3$, $SeCl_4$ y EDTA y se agitan a temperatura ambiente por 1h. Posteriormente se agregan las soluciones de NaOH y $NaBH_4$ y se agita a 75 °C hasta la aparición del precipitado.

- Método hidrotérmico

Se agregan las soluciones acuosas de $BiCl_3$, $SeCl_4$ y EDTA y se agitan a temperatura ambiente por 1h. Posteriormente se agregan las soluciones de NaOH y $NaBH_4$ y se coloca la autoclave a la temperatura correspondiente por 9 h.

Finalmente, los materiales sintetizados por ambos métodos se lavan y se secan a 110 °C por 16 h.

Caracterización de los materiales

Los nanomateriales se caracterizaron por difracción de rayos-X, espectroscopia Raman, XPS y microscopia electrónica de barrido y de alta resolución (SEM, HRTEM y EDS).

3. Resultados

3.1 Síntesis

Se sintetizaron muestras de Bi_xSe_y por diferentes métodos, la muestra sintetizada por el método de coprecipitación se etiquetó como BiSe-COP, mientras que la preparada por el método hidrotérmico se identificó como BiSe-HT.

3.2 Difracción de Rayos X

La Figura 3 presenta los patrones de difracción para ambas muestras. Se observa la presencia de varias fases de Bi_xSe_y en ambos sistemas y se destaca que sólo en el caso de la muestra sintetizada por el método hidrotérmico se obtuvo la fase romboédrica de Bi_2Se_3.

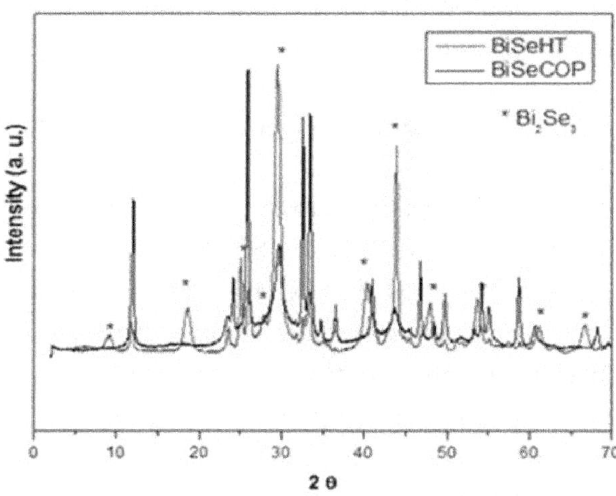

Figura 3. Patrones de difracción de las muestras BiSe-COP y BiSe-HT.

3.3 Difracción Rayos-X en muestras de polvos prensados (pastillas)

Las medidas fueron realizadas en un Difractómetro Brucker D8 Advance en la configuración de polvos, en el intervalo $20° < 2\theta < 80°$ utilizando un paso de 0.03 grados. Los resultados de estas medidas se presentan en la Figura 4.

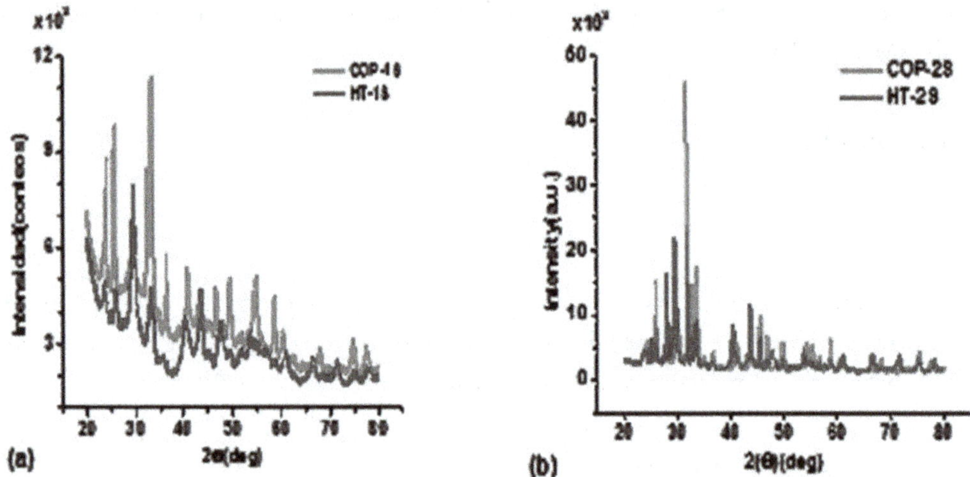

Figura 4. Difractogramas de las muestras (a) primera serie (b) segunda serie. En el caso de la primera serie las pastillas tienen un espesor de 0.3mm. En el caso de la segunda serie, el espesor fue de 3 mm. Por esta razón las intensidades de la segunda serie son mucho mayores.

El tiempo total de medida fue de 30 min. Los polvos fueron prensados a una presión de 10 Ton para formar una muestra en forma de pastillas de 15 mm de diámetro y 1-3 mm de espesor.

3.4 Microscopia Electrónica de Barrido

La diferencia de fases observada mediante DRX, también se ve reflejada en la morfología de las muestras estudiada por SEM. Las Figuras 2 y 3 muestran las imágenes típicas de estas muestras. Se observa que para el caso de las muestras sintetizadas por el método de coprecipitación (BiSe-COP) se obtiene una morfología en forma de placas, similares a pétalos de flores, mientras que para la muestra sintetizada por el método hidrotérmico (BiSe-HT) se observan las típicas orillas de las nanoestructuras y destaca principalmente el crecimiento de otras estructuras en forma de cubos. Lo anterior indica que se generan mecanismos diferentes de crecimiento de las especies de Bi_xSe_y empleando estos métodos de síntesis. Las morfologías y fases que se forman generan diferentes propiedades eléctricas en estos sistemas, siendo la muestra **BiSe-HT** la que presentó mayor conductividad eléctrica (estos resultados se presentarán en el módulo III de este proyecto).

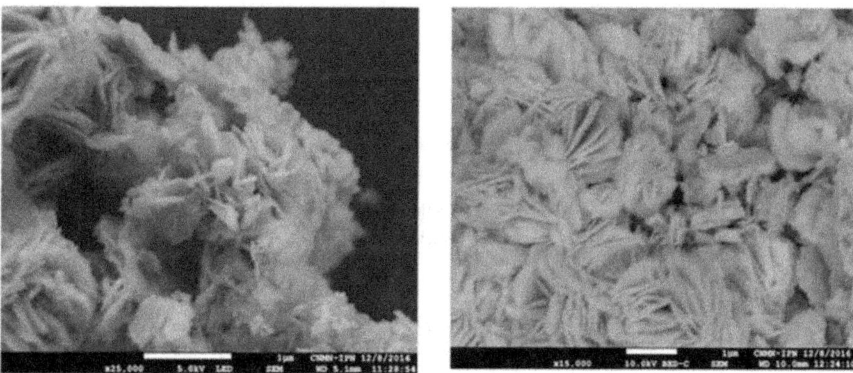

Figura 5. Imágenes SEM de la muestra BiSe-COP.

Figura 6. Imágenes SEM de la muestra BiSe-HT.

4. Medidas de Resistividad

4.1 Caso de muestras delgadas

Las medias fueron realizadas por el método de 4 puntas. Típicamente en un equipo 4 puntas, se aplica una corriente (I) ente los puntos "o" y "c" y se mide una diferencia de potencial (ΔU) entre los puntos "a" y "b".

Para películas delgadas (d $\leq$ 2μm) depositadas sobre un material dieléctrico, la corriente circula por la película, y la diferencia de potencial entre los puntos a y b puede ser calculada por la relación:

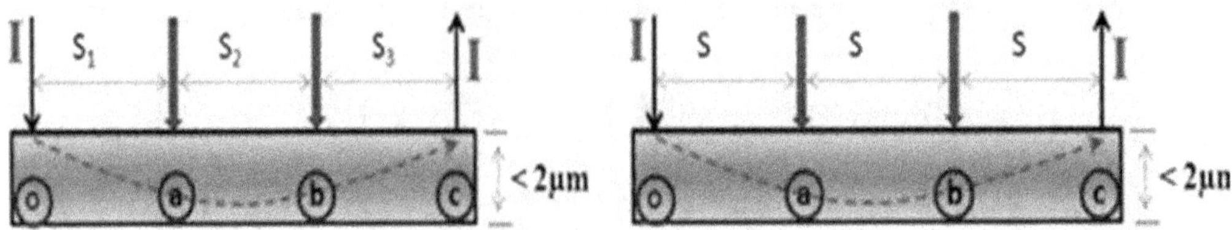

Figura 7. Representación esquemática del principio de funcionamiento del método de 4 puntas
para resistividad eléctrica.

$$\Delta V (a,b) = \frac{I \cdot \rho}{2\pi \cdot t} \ln\left(\frac{b}{a}\right)$$

Si las puntas están igualmente espaciadas entre sí, es decir S1=S2=S3=**S**, entonces a=s y b=2s. Por otro lado, la corriente que se extrae por "**c**" genera una diferencia de potencial igual a la que genera la corriente que se inyecta por "o". De manera que la relación para la diferencia de potencial ΔV(*a,b*) se transforma en:

$$\Delta V (a,b) = 2 \cdot \frac{I \cdot \rho}{2\pi \cdot t} \ln\left(\frac{2S}{S}\right) = \frac{I \cdot \rho}{\pi \cdot t} \ln(2)$$

Finalmente, la resistividad de hoja de la película ϱ_s puede ser calculada como:

$$\rho_S = \frac{\rho}{t} = \frac{\pi}{\ln(2)} \frac{\Delta V (a,b)}{I} = 4.53236 \frac{\Delta V (a,b)}{I}$$

4.2 Caso de muestras gruesas

Si la muestra tiene un espesor >2 µm (muestra gruesa), entonces la corriente que se inyecta por el punto *1*, se distribuye uniformemente en el material sobre una semiesfera de radio "*r*" centrada en el punto de contacto la cual genera una densidad de corriente (*J*).

$$J = \frac{I}{2\pi r^2}$$

Dada la resistividad del material (ρ_m), se induce un campo eléctrico proporcional a la densidad de corriente $E = \rho_m J$ el cual genera una diferencia de potencial

(**U**) entre puntos separados a diferente distancia "**r**" del punto de contacto. En estas condiciones, la diferencia de potencial entre los puntos 2 y 3 se obtiene por la relación:

$$\Delta U_{32} = \frac{\rho_m I}{2\pi}\left[\frac{1}{S_1}+\frac{1}{S_2}-\frac{1}{S_1+S_2}-\frac{1}{S_3+S_2}\right]$$

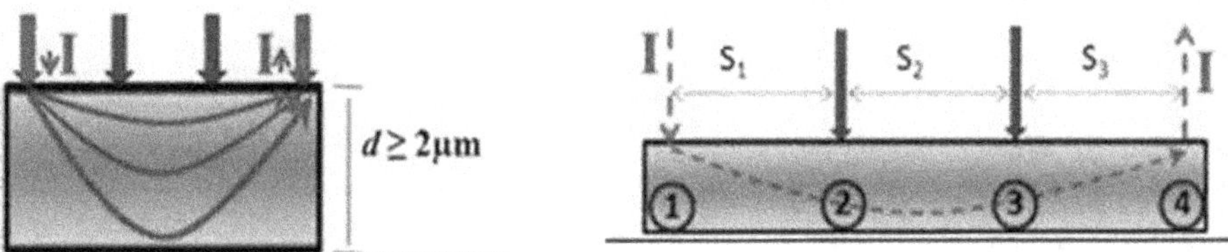

Figura 8. Representación esquemática del principio de funcionamiento para medidas de resistividad por el método de cuatro puntas en el caso de muestras gruesas.

Para el caso en que las puntas estén igualmente espaciadas entre sí, es decir S1=S2=S3=**S**, entonces la diferencia de potencial se obtiene de la relación:

$$\Delta U_{32} = \frac{\rho_m I}{2\pi S}$$

y finalmente la resistividad del material se calcula como:

$$\rho_m = 2\pi S \cdot \frac{\Delta U_{32}}{I}[\Omega.cm]$$

En el caso del equipo utilizada para las medidas instalado en CICATA, la distancia entre puntas es S= 0.04" = 0.1016 cm, de manera que el valor de la resistencia calculado mediante interpolación lineal, deberá ser multiplicado por el factor $2\pi S = $ **0.638372** cm para obtener la resistividad del material.

El equipo utilizado para las medidas, permite realizar un barrido en corriente entre los puntos 1 y 4 y medir la diferencia de potencial entre los puntos 2 y 3 para cada valor de corriente. De esta manera la resistencia del material (R) puede ser calcula por interpolación linear en la curva i-V, es decir se toman en cuenta un conjunto de pares ordenados (i,V) para la determinación de R.

4.3 Resultados de Resistividad BiSe primera serie

La Figura 9 y Figura 10 muestran los resultados de resistividad para la primera serie de muestras de BiSe crecidas por los métodos de Coprecipitación e Hidrotermal respectivamente. Para estas medidas los polvos manométricos de BiSe fueron prensados a 10 Toneladas y se formaron pastillas de 15 mm de diámetro y 0.4 mm de espesor.

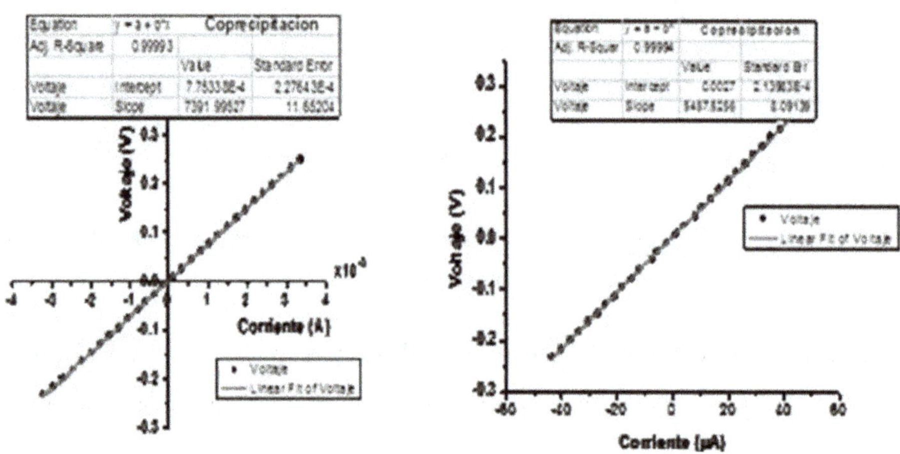

Figura 9. Medidas de resistividad en muestras de BiSe crecidas por el método de Coprecipitación.

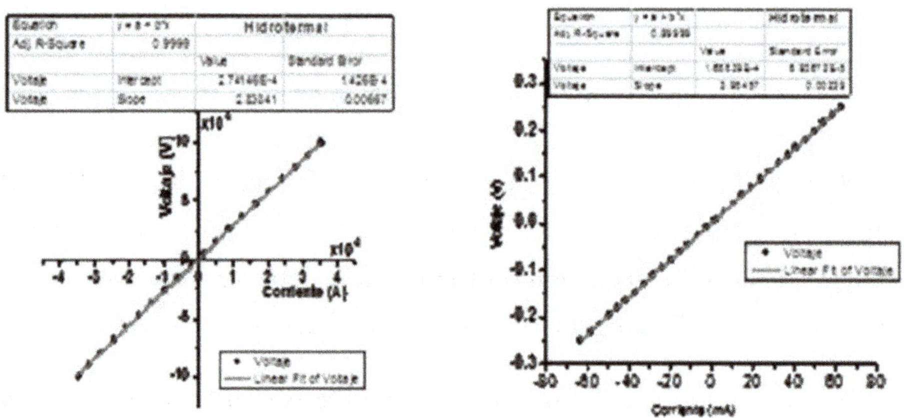

Figura 10. Resultado de las medidas de resistividad eléctrica en muestras de BiSe sintetizadas por el método Hidrotermal.

Los resultados de resistividad se presentan en la siguiente tabla.

Tabla 1. Resultados de resistividad y conductividad eléctricas de muestras de BiSe.

Método	Espesor de la muestra (mm)	Resistencia (Ω)	Resistividad (Ω.cm)	Conductividad (1/Ω.cm)
Coprecipitación	0.410	7392 ± 12	4719	2.12 10^{-4}
Hidrotermal	0.400	2.8 ± 0.1	1.79	0.559

4.4 Resultados de Resistividad BiSe segunda serie

Los resultados de estas medidas se presentan en la Figura 11. Las muestras crecidas por Hidrotermal de la segunda serie poseen una resistencia ligeramente mayor (27 -32 Ohms) que en el caso de la primera (2-3 Ohms). Sin embargo, la muestra hidrotermal posee una resistencia varios órdenes de magnitud mayor que su homóloga de la primera serie. Se necesita discutir las causas de este aumento. Se repitieron las medidas varias veces y los resultados confirman una muestra muy resistiva (decenas de MΩ).

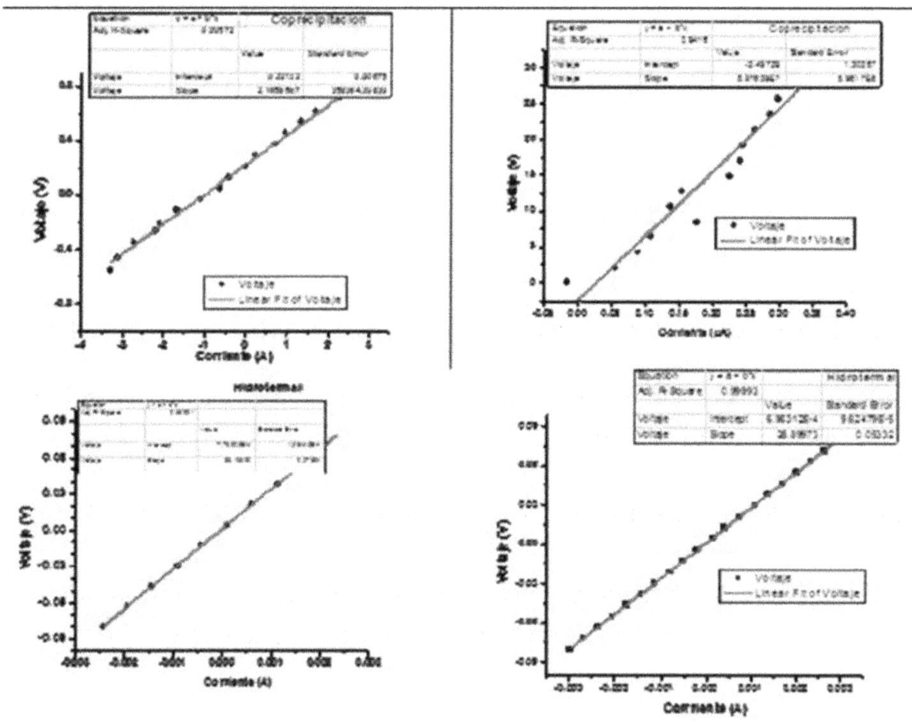

Figura 11. Medidas de resistividad eléctrica en muestras de BiSe.

Los valores de resistividad y conductividad eléctrica se presentan en la Tabla 2.

Tabla 2. Valores de resistividad y conductividad eléctrica en muestras de BiSe obtenidas por los métodos Hidrotermal y Coprecipitación.

Método	Resistencia (Ω)	Resistividad (Ω.cm)	Conductividad $1/(\Omega$.cm)
Coprecipitación	$22\ 10^6$	$13.2\ 10^6$	---
Hidrotermal	26.9 ± 0.1	17.2	$\sim 6\ 10^{-2}$

5. Espectroscopia Raman

Las medidas fueron realizadas excitando con un láser de $\lambda=532$ nm. Previamente se probó con un láser de $\lambda=700$ nm pero no se obtuvo señal ninguna.

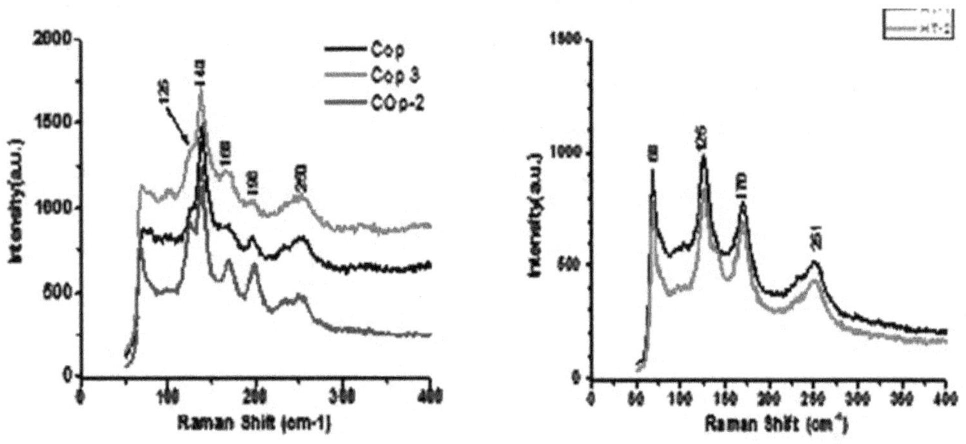

Figura 12. Resultados de las medidas de espectroscopia Raman en muestras de BiSe

En las muestras crecidas por COP aparece un pico alrededor de los 200 cm⁻¹, que no aparece en Hidrotermal.

6. Medidas de conductividad eléctrica mediante efecto Hall

Los resultados de estas medidas fueron obtenidos en el laboratorio de Nanotecnología y Materiales Funcionales del CICATA U. Legaria en colaboración con el *Dr.* Miguel Ángel Aguilar *Frutis*.

Para las medidas eléctricas fue utilizado el sistema van der Pauw ECOPIA HMS 3000, equipo comercial apropiado para determinar las propiedades eléctricas de varios materiales, semiconductores y compuestos semiconductores. Utiliza el método de van de Paw y posee un imán de 0.5 Tesla en el cual se introduce la muestra para generar el efecto Hall en las muestras. Los resultados de estas caracterizaciones se presentan en la Tabla 3.

Tabla 3. Resultados de las caracterizaciones por efecto Hall obtenidos en muestras nano estructuradas de BiSe sintetizadas por coprecipitación.

MUESTRA		COP-1Sa	COP-1Sb	COP-2Sa	COP-2Sb	COP-2Sc
ESPESOR	[μm]	400	400	400	400	400
Concentración de bulto	[/cm^3]	9.857E+12	-3.643E+12	1.790E+11	-5.196E+10	-7.161E+10
Movilidad	[cm^2/Vs]	7.547E+00	1.688E+01	7.505E+01	1.804E+03	1.036E+02
Resistividad	[Ω cm]	8.391E+04	1.0150E+05	4.647E+05	6.660E+04	8.414E+05
Coeficiente Hall A-C	[cm^3/C]	-1.702E+07	-2.562E+06	1.862E+08	-1.779E+08	-1.578E+08
Magneto-Resistencia	[Ω]	1.726E+05	1.220E+05	5.080E+05	2.513E+06	3.023E+06
Concentración de la hoja	[/cm^2]	3.943E+11	-1.457E+11	7.160E+10	-2.078E+10	-2.864E+10
Conductividad	[1/Ω cm]	1.192E-05	9.849E-06	2.152E-06	1.501E-05	1.189E-06
Coeficiente Hall Promedio	[cm^3/C]	6.333E+05	-1.714E+06	3.487E+07	-1.201E+08	-8.717E+07
Coeficiente Hall B-D	[cm^3/C]	1.829E+07	-8.647E+05	-1.165E+08	-6.242E+07	-1.652E+07
Relación Vertical/ Horizontal		5.752E-01	3.32E-01	-2.064E-01	-2.415E-02	-2.094E-01

7. Conclusiones e impacto de la investigación

Se sintetizaron nanomateriales de Bi_xSe_y empleando diferentes métodos de preparación (coprecipitación e hidrotérmico). Las propiedades morfológicas y estructurales de las muestras fueron analizadas por DRX, SEM y espectroscopia Raman. Las propiedades eléctricas de las muestras fueron caracterizadas por el método de 4 puntas y efecto Hall.

Los resultados muestran que se generan mecanismos diferentes de crecimiento de las especies de Bi_xSe_y modificando los métodos de síntesis. Las morfologías y fases que se forman generan diferentes propiedades eléctricas en estos sistemas, siendo la muestra BiSe-HT la que presentó mayor conductividad eléctrica.

Tabla 4. Resultados de las caracterizaciones por efecto Hall obtenidos en muestras nano estructuradas de BiSe sintetizadas por el método hidrotermal.

MUESTRA	HT-1Sa	HT-1Sb	HT-1Sc	HT-2Sa	HT-2Sb
ESPESOR	410	410	410	3600	3600
Concentración de bulto	-2.157E+18	2.313E+18	-2.573E+18	-2.104E+17	-5.628E+17
Movilidad	3.698E-02	3.416E-02	3.103E-02	2.121E+00	7.893E-01
Resistividad	7.824E+01	7.901E+01	7.820E+01	1.399E+01	1.405E+01
Coeficiente Hall A-C	-1.586E+02	-1.599E+02	-1.096E+02	4.114E+00	-1.011E+02
Magneto-Resistencia	2.866E-01	3.161E-01	4.417E-01	2.789E-02	2.553E-02
Concentración de la hoja	-8.844E+16	9.481E+16	-1.055E+17	-7.575E+16	-2.026E+17
Conductividad	1.278E-02	1.266E-02	1.279E-02	7.149E-02	7.117E-02
Coeficiente Hall Promedio	-2.894E+00	2.699E+00	-2.426E+00	-2.967E+01	-1.109E+01
Coeficiente Hall B-D	1.528E+02	1.653E+02	1.047E+02	-6.345E+01	7.895E+01
Relación Vertical/Horizontal	3.331E-01	3.335E-01	3.330E-01	9.053E-01	8.910E-01

En el caso de las muestras de BiSe, para las muestras crecidas por el método HT segunda serie, los valores de conductividad medidos por Hall y por el método de cuatro puntas coinciden. No obstante, en general los resultados de las medidas por efecto Hall, necesitan ser interpretados y comparados con los resultados de las caracterizaciones por el método de 4 puntas para descartar la presencia de algún factor geométrico que no se haya considerado.

Durante el desarrollo de este proyecto en CICATA U. Altamira se ha montado un sistema experimental para caracterizaciones eléctricas que abre oportunidades para el estudio de materiales semiconductores aplicados tanto al campo de los termoeléctricos como los fotovoltaicos.

Agradecimientos

Los autores agradecen el apoyo económico de los proyectos SIP del Instituto Politécnico Nacional y CONACyT CB y BEIFI - IPN por las becas otorgadas.

Referencias

1. Maciá-Barber, E. (2015). *Thermoelectric Materials: Advances and Applications*. Pan Stanford Publishing Pte. Ltd., Singapore.

2. Undurraga Almaraz, A., & Segarra Rubí, M. (2013). *Viabilidad de los materiales termoeléctricos.*Universidad de Barcelona.

3. Li, D., Qin, X. Y., Liu, Y. F., Wang, N. N., Song, C. J. & Sun, R. R. (2013). Improved thermoelectric properties for solution grown Bi2Te32xSex nanoplatelet composites. *RSC Adv.*, 8, 2632-2638. https://doi.org/10.1039/c2ra22562j

4. Rowe, D. M. (ed.) (2005). *CRC Handbook of Thermoelectrics: Macro to Nano*. CRC, Boca Raton.

5. Dresselhaus, M. S., Chen, G., Tang, M. Y., Lee, H., Wang, D. Z., Ren, Z. F., et al. (2007). New directions for low-dimensional thermoelectric materials. *Adv. Mater.* 19, 1043-1053. https://doi.org/10.1002/adma.200600527

6. Chen, G., Dresselhaus, M. S., Dresselhaus, G., Fleurial, J. P. & Caillat, T. (2003). Recent developments in thermoelectric materials. *Int. Mater. Rev.*, 48, 45-66. https://doi.org/10.1179/095066003225010182

7. Yao, T. (1987). Thermal-Properties of AlAs/GaAs Superlattices. *Appl. Phys. Lett.* 51, 1798-1800. https://doi.org/10.1063/1.98526

8. Touzelbaev, M. N., Zhou, P., Venkatasubramanian, R., & Goodson, K. E. (2001). Thermal characterization of Bi2Te3/Sb2Te3 superlattices. *J. Appl. Phys.*, 90, 763-767 (2001). https://doi.org/10.1063/1.1374458

9. Caylor, J. C., Coonley, K., Stuart, J., Colpitts, T., & Venkatasubramanian, R. (2005). Enhanced thermoelectric performance in PbTe-based superlattice structures from reduction of lattice thermal conductivity. *Appl. Phys. Lett.*, 87, 23105 (2005). https://doi.org/10.1063/1.1992662

10. Beyer, H., Nurnus, J., Böttner, H., Lambrecht, A., Wagner, E., & Bauer, G. (2002). High thermoelectric Figure of merit ZT in PbTe and Bi2Te3-based superlattices by a reduction of the thermal conductivity. *Physica* E, 13, 965-968. https://doi.org/10.1016/S1386-9477(02)00246-1

11. Hochbaum, A. I., Chen, R., Diaz Delgado, R., Liang, W., Garnett, E. C., Najarian, M. et al. (2008). Enhanced thermoelectric performance of rough silicon nanowires. *Nature*, 451, 163-167. https://doi.org/10.1038/nature06381

12. Boukai, A. I., Bunimovich, Y., Tahir-Hheli, J., Yu, J-K., Goddard, W. A., & Heath, J. R. (2008). Silicon nanowires as efficient thermoelectric materials. *Nature*, 451, 168-171. https://doi.org/10.1038/nature06458

13. Cahill, D. G., Watson, S. K., & Pohl, R. O. (1992). Lower limit to thermal conductivity of disordered crystals. *Phys. Rev. B*, 46, 6131-40. https://doi.org/10.1103/PhysRevB.46.6131

14. Kim, W., Singer, S. L., & Majumdar, A. (2006). Cross-plane lattice and electronic thermal conductivities of ErAs: InGaAs/InGaAlAs superlattices. *Appl. Phys. Lett.* 88, 242107. https://doi.org/10.1063/1.2207829

15. Kim, W., Zide, J., Gossard, A., Klenov, D., Stemmer, S., Shakouri, A. et al. (2006). Termal conductivity reduction and thermoelectric Figure of merit increase by embedding nanoparticles in crystalline semiconductors. *Phys. Rev. Lett.* 96, 045901. https://doi.org/10.1103/PhysRevLett.96.045901

16. Chiritescu, C., Cahill, D. G., Nguyen, N., Johnson, D., Bodapati, A., Keblinski, P. et al. (2007). Ultralow thermal conductivity in disordered, layered WSe2 crystals. *Science*, 315, 351-353. https://doi.org/10.1126/science.1136494

17. Rowe, D. M., Shukla, V. S. & Savvides, N. (1981). Phonon-scattering at grain-boundaries in heavily doped Fine-grained silicon-germanium alloys. *Nature*, 290, 765-766. https://doi.org/10.1038/290765a0

18. Bhandari, C. M. (1995). *Handbook of Thermoelectrics* (Ed. Rowe, D. M.). CRC, Boca Raton.

19. Liu, X., Fang, Z. Zhang, Q. Huang, R. Lin, L., Ye, Ch. Ma, Ch., & Zeng, J. (2016). Ethylene-diaminetetraacetic acid-assisted synthesis of Bi2Se3 nanostructures with unique edge sites. *Nano Research,* 1-8. https://doi.org/10.1007/s12274-016-1159-x

MODELADO Y SIMULACIÓN DE DISPOSITIVOS ELECTROTÉRMICOS

Marco A. Ramírez Salinas, Luis Alfonso Villa Vargas, Héctor Báez Medina, M. en C. Cristóbal Ramírez Lazo

Centro de Investigación en Computación, Instituto Politécnico Nacional, México.

mars@cic.ipn.mx, lvilla@cic.ipn.mx, hbaez@cic.ipn.mx, ralc_@hotmail.com

https://doi.org/10.3926/oms.401.3.2

Ramírez Salinas, M. A., Villa Vargas, L. A., Báez Medina, H., & Ramírez Lazo, M. en C. (2020). Modelado y simulación de dispositivos electrotérmicos. En E. San Martin Martinez, M. A. Ramírez Salinas (Eds.). *Avances de investigación en Nanociencias, Micro y Nanotecnologías. Barcelona, España: OmniaScience. 85-95.*

Resumen

Los dispositivos termoeléctricos (TED), son aquellos que tienen la capacidad de generar corriente eléctrica a partir de un gradiente de temperatura, este efecto es conocido como Seebeck (1821, Tomas Johann Seebeck), en sentido contrario los dispositivos electrotérmicos son aquellos que tienen la capacidad de generar un gradiente de temperatura a partir de un flujo de corriente eléctrica, conocido como efecto Peltier (1834, Jean Peltier). Típicamente un dispositivo electrotérmico de estado sólido está compuesto de dos elementos estructurales, construidos en los últimos años con Teluro de Bismuto (Bi_2Te_3) por su capacidad para manejar diferentes densidades de electrones libres, con el cual se han creado materiales semiconductores tipo-P por deficiencia de electrones y tipo-N por exceso de electrones, estas estructuras son conectadas eléctricamente en serie con material de cobre (Cu) y térmicamente en paralelo por su interposición entre dos placas o sustratos aislantes de material cerámico o de Alúmina (óxido de aluminio, Al_2O_3), de tal forma que se exponen las interconexiones de cobre a una cara fría y otra cara caliente. En este trabajo se presenta el proceso de diseño de un dispositivo de estado sólido, su modelación y la simulación multifísica que nos ayuda a comprender este fenómeno y sus efectos.

Palabras clave: Efecto Peltier; Efecto Seebeck; Efecto Thomson; Simulación Multifísica.

1. Introducción

La simulación multifísica es muy útil cuando se desea alcanzar el desempeño más alto posible ya sea de un material, un dispositivo o un sistema completo, es mucho más fácil probar y verificar su comportamiento de forma virtual, corrigiendo y mejorando un modelo y de esta forma habilitar las capacidades para la innovación.

El modelado de los dispositivos electrotérmicos requiere que por lo menos dos procesos físicos sean tomados en cuenta: Transferencia de calor por conducción en solidos y Flujo de corriente eléctrica para modelar dos o quizá los tres efectos conocidos que se dan al mismo tiempo Peltier-Seebeck-Thomson.

1.1 Modelado Matemático

El fenómeno físico conocido como efecto Peltier se puede explicar por el flujo de calor J_q que acompaña al flujo de corriente eléctrica J_e que pasa por un medio homogéneo unidimensional, y puede expresarse con el siguiente modelo:

$$\begin{bmatrix} J_e \\ J_q \end{bmatrix} = \begin{bmatrix} L_{11} & L_{21} \\ L_{12} & L_{22} \end{bmatrix} \begin{bmatrix} -\dfrac{\Phi}{dx} \\ -\dfrac{T}{dx} \end{bmatrix}$$

La matriz *(L)* es conocida como matriz de transporte termoeléctrico, los coeficientes L_{ij} generalizan las propiedades físicas del material (σ conductividad eléctrica, K conductividad térmica, D difusión, ρ resistividad eléctrica, Φ fuerza electromotriz y T temperatura, y los efectos correlacionados S Seebeck, Π Peltier y τ Thomson). Aunque estos no son medibles directamente, se pueden extraer bajo algunas consideraciones. Los signos negativos se introducen para representar propiamente el comportamiento fenomenológico reportado para el flujo de calor (ley de Fourier) y flujo eléctrico (ley de ohm).

El flujo de corriente en un medio homogéneo esta dado por la ecuación siguiente:

$$J_e = L_{11}\left(-\frac{\Phi}{dx}\right) + L_{12}\left(-\frac{T}{dx}\right)$$

Para explicar el modelo de los fenómenos físicos que se describen de la ecuación (1), se harán las consideraciones siguientes.

1) Considere que el medio homogéneo (material) se mantiene a temperatura constate $T/dx = 0$ y la corriente eléctrica se genera por aplicar un voltaje externo $\Phi/dx > 0$, la ecuación anterior quedaría como:

$$J_e = L_{11}\left(-\frac{\Phi}{dx}\right)$$

Si se toma en cuenta la ley de Ohm:

$$J_e = \sigma\left(-\frac{\Phi}{dx}\right)$$

Se puede asumir que en estas condiciones $L_{11} = \sigma$, que es la conductividad eléctrica.

2) una segunda consideración es que el medio homogéneo (material) está a circuito abierto $J_e = 0$, y se aplica un gradiente de temperatura para generar el efecto Seebeck, entonces de la misma ecuación se puede obtener:

$$L_{11}\left(\frac{\Phi}{dx}\right) = L_{12}\left(\frac{T}{dx}\right)$$

Esto indica que la diferencia de potencial generada por un gradiente de temperatura está determinada por $S(T) = L_{12}/L_{11}$

$$\left(\frac{\Phi}{dx}\right) = \frac{L_{12}}{L_{11}}\left(\frac{T}{dx}\right)$$

Del modelo de la Ec. 1, el flujo de calor que acompaña al flujo de corriente en un medio homogéneo (material) está dado por:

$$J_q = L_{21}\left(-\frac{\Phi}{dx}\right) + L_{22}\left(-\frac{T}{dx}\right)$$

3) Considere que el medio homogéneo (material) se mantiene a temperatura constate $T/dx = 0$ y una corriente eléctrica J_e, generada por una fuente externa $\Phi/dx > 0$, fluye por el medio. Debido al efecto Peltier se debe observar un flujo de corriente térmica J_q proporcional a la corriente eléctrica, entonces se puede obtener

$$J_e = L_{11}\left(-\frac{\Phi}{dx}\right)$$

$$J_q = L_{21}\left(-\frac{\Phi}{dx}\right)$$

Que un gradiente de temperatura generada por la diferencia de potencial está determinado por $\Pi(T) = L_{21}/L_{11}$, la solución de las ecuaciones anteriores quedaría como:

$$J_q = \frac{L_{21}}{L_{11}} J_e = \Pi J_e$$

El flujo de calor es proporcional al flujo de la corriente eléctrica, y la proporcionalidad constante es $\Pi(T) = L_{21}/L_{11}$, también $\Pi(T) = S(T)T$ en donde $\Pi(T)$ es el coeficiente de Peltier, $S(T)$ es el coeficiente Seebeck, T es la temperatura.

De la definición del coeficiente de Seebeck se puede observar que el voltaje de Seebeck entre dos puntos de un material homogéneo no depende de la temperatura. Los coeficientes Seebeck y Peltier esta relacionados uno con el otro a través de $\Pi(T) = S(T)T$.

1.2 Unión de medios distintos

Cuando existe unión de dos medios (tipo-P, tipo-N), el flujo de corriente que atraviesa el medio tipo-P es distinto al del medio tipo-N, la diferencia de estos flujos produce el calentamiento o enfriamiento en la unión dependiendo de la relación que existe entre los coeficientes y la dirección de la corriente. Para los semiconductores tipo-N se tiene que mientras que para semiconductores tipo-P se tiene, por lo que en el contacto N-P se tiene una distribución de temperatura como se observa en la Figura 1

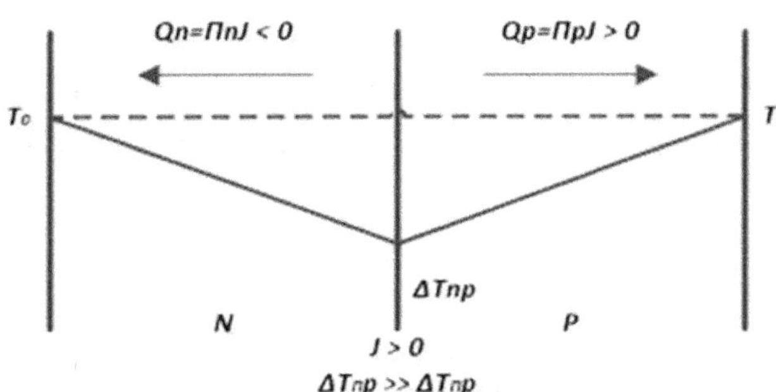

Figura 1. Distribución de temperatura en el contacto entre semiconductores tipo-P y tipo-N.

El calentamiento o enfriamiento Q que sucede en la unión P-N es:

$$Q = (\Pi_P - \Pi_N) J_e$$

Para simplificar, considere: $\Pi = \Pi_P - \Pi_N$

Así el flujo de calor que acompaña al flujo de corriente eléctrica, puede ser expresado por:

$$J_q = \Pi J_e - k_e \left(\frac{dT}{dx} \right)$$

En donde la contribución electrónica a la conductividad térmica es:

$$k_e = L_{22} \left(\frac{L_{12} \, L_{21}}{L_{11}} \right)$$

Un efecto adicional puede ser agregado a la ecuación anterior, relacionado con la contribución de energía cuántica o fonónica para el flujo de calor J_q que acompaña a un flujo de corriente J_e a través de un medio homogéneo sólido y que se expresa en términos del calor específico por unidad de volumen a presión constante (análisis unidimensional).

$$Cp \left(\frac{dT}{dt} \right) = \frac{d}{dx} \left(k \, \frac{dT}{dx} \right) - \left(T \, \frac{dS}{dT} \right) J_e + \frac{J_e^2}{\sigma}$$

Donde C_p es el calor específico por unidad de volumen a presión constante, en un lapso de tiempo t. La ecuación contiene un término extra comparado con la ecuación ordinaria de conducción de calor, esto se debe al efecto Thomson, el sugiere que la distribución de temperatura (calor o frío) puede ocurrir aun en el mismo sólido, debido a la dependencia de temperatura del coeficiente Seebeck.

Cuando se produce un cambio en la energía interna del material por unidad de volumen ΔQ, este es proporcional al cambio de temperatura ΔT. Esta relación puede expresarse por:

$$C_p \, \rho T_t - kT = \Delta Q$$

Considérese: $q = -k\nabla T$, $\nabla T = \left(\frac{\delta T_x}{\delta x} \right)$,

Donde k es la conductividad térmica y el gradiente ∇ es la derivada espacial ordinaria, ρ la densidad del material,

$$C_p \nabla T = \frac{d}{dx} (k \nabla T) - \left(T \, \frac{dS}{dT} \right) J_e \, \frac{dT}{dx} + \frac{J_e^2}{\sigma}$$

$$\rho \, C_p \, u . \nabla T + \nabla q = Q + Q_{ted}$$

El coeficiente de Thomson se define por la siguiente ecuación:

$$\beta = \frac{\dot{q}_c}{J_e \frac{dT}{dx}} = T \frac{dS}{dT}$$

En donde q es la velocidad de flujo de enfriamiento o calentamiento por unidad de volumen. Los tres efectos antes descritos están intrínsecamente conectados como diferentes manifestaciones del calor transportado por flujos de corriente eléctricas en un sólido cristalino. El efecto Thomson a menudo no se toma en cuenta en las simulaciones de dispositivos electrotérmicos por considerar su aportación despreciable, aunque en el análisis de materiales o nuevos materiales, si debería tomarse en cuenta.

2. Definición del Modelo

Una celda electrotérmica consta de dos elementos estructurales, un elemento tipo-P y un elemento tipo-N interconectados con cobre (Cu). Para este análisis cada elemento es modelado con telurio de bismuto (Bi_2Te_3) tipo-P y Tipo-N, en geometrías de tamaño 1300um x 1300um x 3000um, conectados con una capa de cobre de 100um de espesor. La Tabla 1, muestra las propiedades físicas de los materiales utilizados para este análisis.

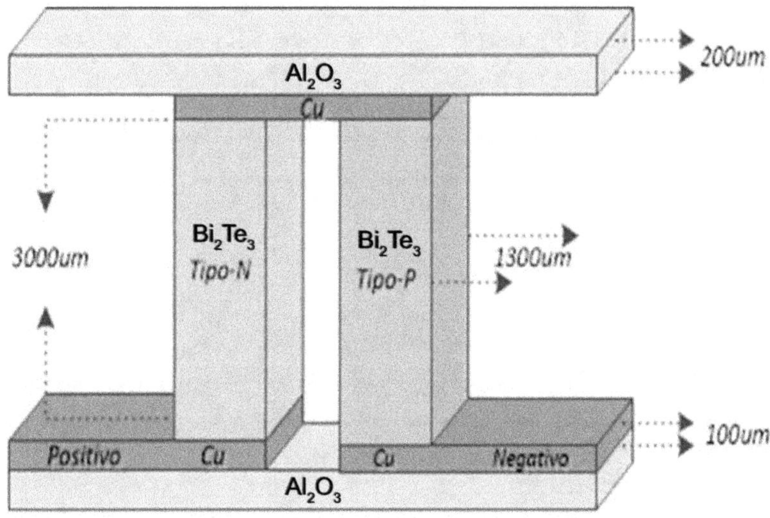

Figura 2. Celda electrotérmica unitaria.

3.   Metodología

COMSOL Multiphysics es una plataforma de software para simulación multifísica con una amplia biblioteca de materiales y modelos matemáticos que pueden ser combinados, para simular los fenómenos físicos y observas sus efectos lo mas cercano a la realidad. Se inicia con la herramienta *Model Wizar,* seleccionado el espacio de dimensión 3D, después se selecciona la física *Heat Transfer* y dentro de esta el modelo *Termoelectric Effect*, enseguida se selecciona el tipo de estudio *Stationary*, para calcular el campo de temperatura en equilibrio térmico. Para después crear el modelo de la Celda electrotérmica unitaria de la Figura 2.

3.1 Materiales

En la ventana *Model Builder* en *Component1* se agregan los materiales de la Tabla1, utilizados en la Celda electrotérmica unitaria de la Figura 2, y posteriormente se asignan al modelo, seleccionando el material y asociándolo con la geometría correspondiente del modelo en 3D.

Tabla 1. Propiedades de los materiales.

Capacidad Térmica a Presión Constante (Bi_2Te_3)	C_p	154	J/(kg*K)
Conductividad Eléctrica (Bi_2Te_3) tipo-P	σ	1.1×10^5	S/m
Conductividad Térmica (Bi_2Te_3) tipo-P	k	1.6	W/(m.K)
Coeficiente Seebeck (Bi_2Te_3) tipo-P	S(T)	2.0×10^{-4}	V/K
Coeficiente Seebeck (Bi_2Te_3) tipo-N	S(T)	-2.0×10^{-4}	V/K
Densidad (Bi_2Te_3)	ϱ	7740	Kg/m^3
Capacidad Térmica a Presión Constante (Cu)	C_p	385	J/(kg*K)
Conductividad Eléctrica (Cu)	σ	$5,998 \times 10^7$	S/m
Conductividad Térmica (Cu)	k	400	W/(m.K)
Coeficiente Seebeck (Cu)	S(T)	6.5×10^{-6}	V/K
Densidad (Bi_2Te_3)	ϱ	8,700	Kg/m^3
Capacidad Térmica a Presión Constante (Al_2O_3)	C_p	900	J/(kg*K)
Conductividad Térmica (Al_2O_3)	σ	27	W/(m.K)
Densidad (Al_2O_3)	ϱ	3,900	Kg/m^3
Permisividad relativa (Bi2Te3), (Cu), (Al_2O_3)		1	

3.2 Fuente de Voltaje

Es posible definir parámetros globales, seleccionando del menú *Home*, la opción *Parameters*, la idea es definir una fuente de voltaje que alimente a la celda unitaria.

Name	Expresion	Value	Description
V	1[V]	1 V	Potencial de entrada

3.3 Límites de frontera

Es importante definir los límites de frontera para la convergencia de los métodos numéricos, para este estudio en el modelo *Head Transfer in Solids*, en el menú *Physics*, se selecciona *Temperature* para la cara fría de Alúmina a 300°K. Bajo la misma idea para el modelo *Electric Currents*, en el menú *Physics*, se selecciona *Ground* para el conector de cobre negativo y *Electric Potential* para el conector de cobre positivo, indicando *V0*. Finalmente se puede ejecutar el cálculo, seleccionando *Study1*, y en seguida *Compute*.

4. Resultados preliminares

En los resultados de simulación se puede observar para la celda unitaria un gradiente de temperatura de aproximadamente 64 °C. Esto se debe principalmente a que se tiene un área térmica activa pequeña (1300um x 3500um), provocando concentración de altas temperaturas

Un arreglo de celdas unitarias como el que se muestra en la Figura 4, fue realizado para construir un dispositivo de mayor área térmica activa de 20 x 20 mm, en esta aproximación el gradiente de temperatura que se alcanza en toda el área activa del dispositivo es del orden de 30 °C.

5. Conclusiones

Las Celdas Termoeléctricas, además de aplicaciones de climatización o cosechadores de energía, en el campo de los dispositivos MEMS, pueden ser utilizados en micro reactores, actuadores a base de presión por calentamiento de gases, o para el desarrollo de cicladores térmicos programados, utilizados en equipos de

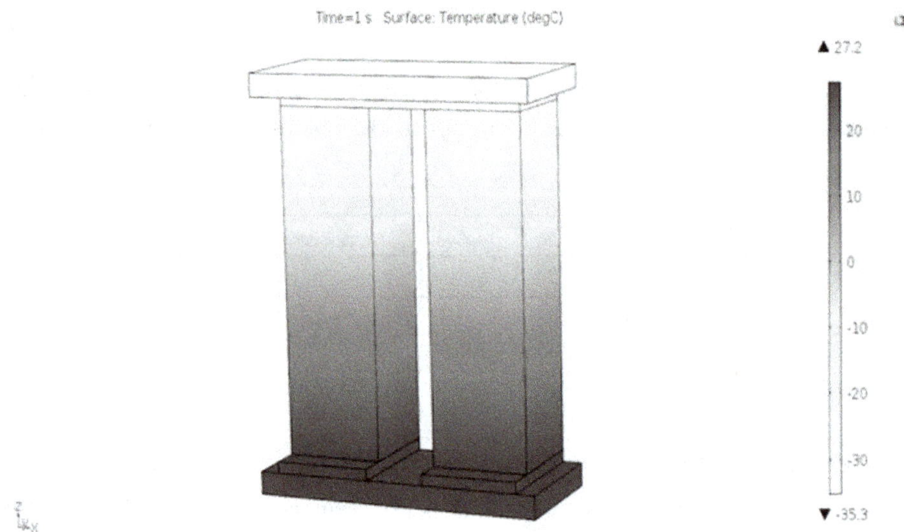

Figura 3. Simulación de la Celda electrotérmica unitaria.

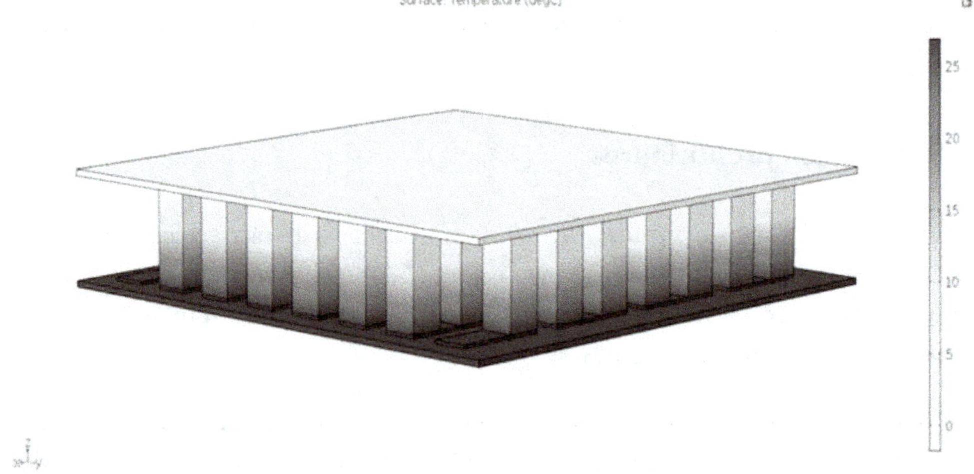

Figura 4. Arreglo de Celdas Peltier de 20mm x 20mm.

PCR en biología molecular. La cara fría también puede ser útil para instrumentos que utilizan sensores de imágenes y que requieren enfriamiento o en su caso para análisis de muestras biológicas.

Los materiales nano estructurados con características termoeléctricas que se están desarrollando por otros grupos de la Red de Nanociencias, Micro y Nano-tecnologías del IPN, buscan sintetizar buenos conductores de electricidad, pero malos conductores de calor para ser empleados específicamente en e cosechadores de energía, y por otro lado ser buenos conductores de calor pero malos conductores de electricidad para aplicaciones de climatización.

Agradecimientos

Agradecemos a la Secretaría de Investigación y Posgrado SIP-IPN por los apoyos otorgados a los proyectos 20160091-20170438 y 20160328- 20170444 y por el apoyo a la Red de Investigación y Posgrado en Nanociencias, Micro y Nanotecnologías y a la Red de Investigación y Posgrado en Computación.

Referencias

1. Tian, Z., Lee, S., & Chen, G. (2014). Comprehensive Review of Heat Transfer in Thermoelectric Materials and Devices. *Department of Mechanical Engineering, Massachusetts Institute of Technology*, 17, 425-483. https://doi.org/10.1615/AnnualRevHeatTransfer.2014006932

2. Jaegle, M. (2008). Multiphysics Simulation of Thermoelectric Systems. Modeling of Peltier-Cooling and Thermoelectric Generation. *Proc. COMSOL Conf. 2008 Hanover.*

3. Nolas, G. S., Sharp, J., & Goldsmid, H. J. (2001) *Thermoelectrics: Basic principles and new materials developments.* Springer. https://doi.org/10.1007/978-3-662-04569-5

VALORIZACIÓN DE RESIDUOS NANOESTRUCTURADOS (NANO-RESIDUOS) PROVENIENTES DEL PROCESO HFCVD-CSVT: USO COMO MATERIALES ADSORBENTES, FOTOCATALÍTICOS Y PARA LA OXIDACIÓN CATALÍTICA DE HOLLÍN

Sarai Cruz-Leal[1], Carlos Felipe Mendoza[2], Ricardo Cuenca-Álvarez[3], Valentín López-Gayou[4], Oscar Goiz Amaro[5], Jorge Flores Moreno[6]

[1]UPIBI-IPN
[2]CIIEMAD-IPN
[3]CIITEC-IPN
[4]CIBA-IPN
[5]CIIEMAD-IPN
[6]UAM-Azcapotzalco

xaraicruz@gmail.com, cfelipe98@gmail.mx, ricardo_cuencaalvarez@yahoo.com.mx, valgayou@gmail.com, ogoiza@gmail.com, jflores@azc.uam.mx

https://doi.org/10.3926/oms.401.4.1

Cruz-Leal, S., Mendoza, C. F., Cuenca-Álvarez, R., López-Gayou, V., Goiz Amaro, O., & Flores Moreno, J. (2020). Valorización de residuos nanoestructurados (nano-residuos) provenientes del proceso HFCVD-CSVT: uso como materiales adsorbentes, fotocatalíticos y para la oxidación catalítica del hollín. En E. San Martin Martinez, M. A. Ramírez Salinas (Eds.). *Avances de investigación en Nanociencias, Micro y Nanotecnologías. Barcelona, España: OmniaScience. 97-115.*

Resumen

Los residuos nanoestructurados o nano-residuos son desechos de tamaño nanométrico generados durante la producción y distribución de nanomateriales o al finalizar el ciclo de vida de los nanoproductos. En este trabajo, se recolectaron los nano-residuos generados y acumulados en un reactor HFCVD-CSVT, el cual se utiliza normalmente para sintetizar nanoestructuras semiconductoras de diversas morfologías (nanoalambres, nanolápices, nanoláminas, etc.). Estos residuos se caracterizaron mediante las técnicas de microscopía electrónica de barrido (SEM), difracción de rayos X (DRX), infrarrojo y Raman. Para los residuos mencionados se experimentaron diversas aplicaciones de reutilización como la adsorción de gases, la fotodegradación de materia orgánica y la oxidación catalítica de hollín. Los resultados demostraron que el reciclaje de nano-residuos es una propuesta viable y que cada nano-residuo debe tener un estudio de caracterización, para poder determinar la mejor alternativa de manejo.

Palabras clave: Nano-residuos; Nanoproductos; Nanotecnología; Reducir, Reusar; Reciclar.

1. Introducción

Los óxidos metálicos como ZnO, TiO_2, Cu_2O, MnO_2, Fe_2O_3, WO_3 y CeO_2 son compuestos formados por oxígeno y un metal [1, 2]. Dichos materiales pueden ser nanoestructurados y semiconductores, como el óxido de tungsteno (WO_3) [3-6]. Los nanomateriales (NM's) de WO_3 se han sintetizado por técnicas físicas [7-9] y químicas [10, 11], obteniendo morfologías diversas como nanoalambres [12, 13], nanorrodillos [14], microtubos [15] y nanotubos [16]. Algunos ejemplos de métodos de síntesis de nanoestructuras de óxido de tungsteno y de la utilidad que se les ha dado son las siguientes:

a) Por el método solvotermal se han sintetizado nanoestructuras de $WO_3*0.33H_2O$ con morfologías de microesferas, nanorodillos y nanocinturones, que se han usado en la fotodegradación de Rodamina B [17, 18]. Por la misma técnica de síntesis se han obtenido dendritas formadas con nanohojas de WO_3 y nanoflores formadas con nanohojuelas porosas de WO_3, las cuales se han usado para el detectar gases NO_2 [19] y NO [20] respectivamente.

b) Por un proceso hidrotermal se han sintetizado nanoerizos ensamblando nanorodillos de WO_3 para sensar etanol gaseoso [21]. También se han obtenido estructuras en forma de girasol constituidas por nanoalambres y nanorodillos de WO_3 y $WO_3*0.33H_2O$, los cuales se han utilizado para la fotodegradación de Rodamina B [22].

c) Mediante un proceso asistido por ácido en un recipiente se prepararon nanohojas ultradelgadas de WO_{3-X}/C con la finalidad de usarse como ánodos en baterías de iones de litio [23].

De lo anterior, se sugiere que los nanomateriales en cuestión poseen propiedades eléctricas, térmicas, mecánicas y ópticas, interesantes a escalas nanométricas. Dichas propiedades hacen que las nanoestructuras sean susceptibles de utilizarse en infinidad de aplicaciones como láseres, sensores de gases, celdas solares, ventanas inteligentes y productos comerciales basados en nanotecnología llamados comúnmente nanoproductos [24].

Por otro lado, durante la síntesis de nuevos materiales es inevitable el consumo de materias primas y la generación de subproductos "indeseables" cuyo destino final es el confinamiento controlado. El aprovechamiento adecuado de dichos residuos mediante su utilización o disposición final es todo un reto para hacer más eficientes los procesos productivos en la industria de los materiales. Estas acciones de valorización de los residuos tienen la bondad de contribuir a un mejor manejo de los recursos renovables y no renovables; además de que los beneficios económicos muchas veces se garantizan.

En este trabajo se analizan las propiedades fisicoquímicas de los residuos nanoestructurados de WO_x para ser aprovechados como materiales adsorbentes de gases, fotocatalizadores y catalizadores para la oxidación de hollín.

2. Metodología

En general, cuando se fabrican nanomateriales irremediablemente se generan materiales nanoestructurados indeseables o nano-residuos (NR). En ocasiones, dichos NR son susceptibles de recuperar y clasificar, de manera que se puedan aprovechar cuando poseen características óptimas para cierta aplicación. La Figura 1 muestra una ruta simplificada para el aprovechamiento de los NR.

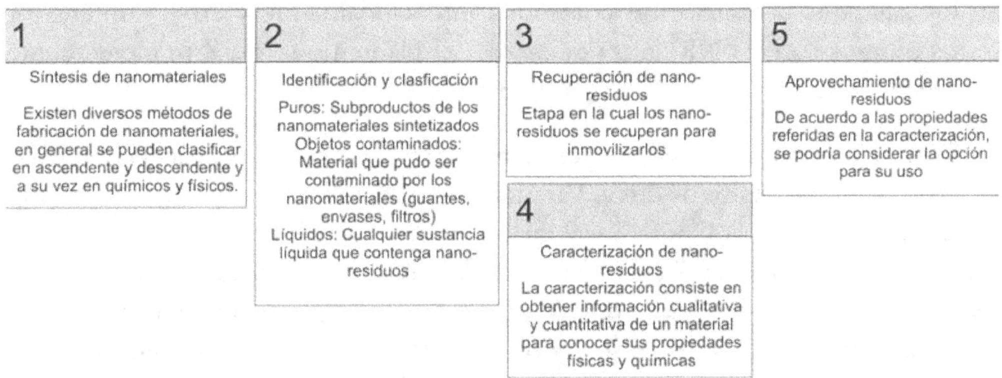

Figura 1. Etapas para el aprovechamiento de nanomateriales indeseables (nano-residuos) [25].

2.1 Recuperación de los nano-residuos

En este trabajo, se realizaron experimentos mediante el proceso HFCVD-CSVT con la finalidad de sintetizar nanomateriales de WO_3, los cuales se pretenden usar para la detección de gases. La síntesis se logra debido a la sublimación de un filamento de tungsteno inmerso en una atmósfera en vacío y al cual se le suministra corriente. Bajo esas condiciones experimentales, además de obtener el material deseado, se genera una cantidad considerable de material indeseable (nano-residuos). La mayoría del material desprendido del filamento de tungsteno no se deposita sobre el sitio de interés que es un sustrato de Si, sino que se pega a las paredes del reactor. Ese material adherido sobre el reactor es un producto indeseable que se recupera desprendiéndolo de las paredes durante la limpieza del reactor.

Por lo común, los residuos en cuestión se recolectan y se confinan como materiales peligrosos. Ahora, en este trabajo se ha optado por recuperar, caracterizar y aprovechar los residuos nanoestructurados provenientes del proceso HFCVD-CSVT como se describe en las dos secciones siguientes.

2.2 Técnica HFCVD y recuperación de nano-residuos

La técnica HFCVD (por sus siglas en inglés Hot Filament Chemical Vapor Deposition) es una variante del método conocido como deposición química de vapor (CVD) y consiste en calentar un filamento (en este caso W) mediante la aplicación de una corriente determinada (3 A y 6.2 volts). Ese hecho provoca que el material sublime y que las partículas desprendidas del filamento se depositen en los sustratos de silicio (Si) colocados intencionalmente y en el contenedor (estos últimos son los NR). Para evitar que el filamento se quiebre rápidamente el sistema debe trabajar en vacío (10^{-4} Torr).

El principal objetivo de este experimento es el crecimiento de películas delgadas de WO_3 sobre los sustratos de Si. Para tal efecto se utilizó un reactor CVD como el que se muestra en la Figura 2 y el cual consta de: un soporte de aluminio (para sostener los sustratos de Si), un filamento de tungsteno (50 watts, 12 volts y 0.16 mm de diámetro) y un tubo de cuarzo (de 34 cm de largo y 6 cm de diámetro). La distancia entre el filamento y el sustrato fue de 18 mm. La instalación eléctrica, conexiones de gas y de vacío se muestran de modo ilustrativo en la Figura 2.

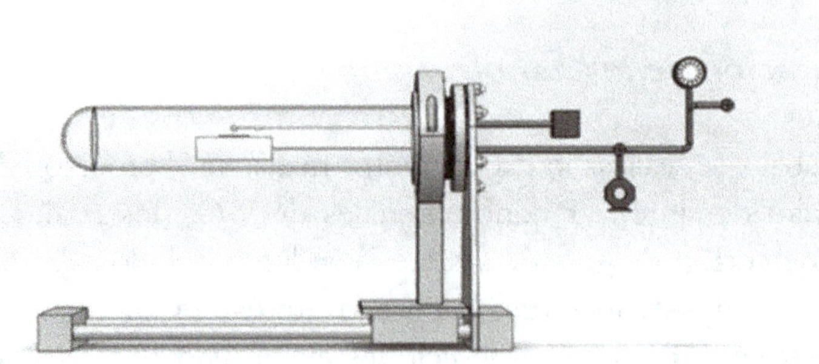

Figura 2. Esquema del reactor CVD.

2.3 Caracterización de nano-residuos por técnicas SEM, DRX, Infrarrojo y Raman

Los NR recolectados de las paredes del reactor anteriormente se confinaban como materiales peligrosos. En este trabajo se ha optado por recuperarlos con la finalidad de realizar una caracterización parcial y explorar la posibilidad de aprovechamiento. Específicamente, a los NR recuperados se les realiza microscopia electrónica de barrido (SEM) usando un microscopio SEM TESCAN modelo VEGA TS 3156SB con capacidad de hasta 150,000 aumentos, suficiente para resolver objetos de 30 nm. La difracción de rayos X (DRX) se realizó con un equipo marca PANalytical modelo X´Pert Pro MRD. Los análisis de Infrarrojo (IR) se hicieron con un equipo marca BRUKER modelo Vertex 70. Los análisis Raman se realizaron con un equipo marca Thermo Scientific modelo DRX Smart Raman con línea laser de 780 nm.

2.4 Aprovechamiento de nano-residuos como materiales adsorbentes de gases, materiales para la foto-degradación de compuestos aromáticos y materiales para la oxidación catalítica de hollín

Para explorar si los NR se pueden aprovechar como materiales adsorbentes de gases, es necesario conocer las propiedades texturales mediante la obtención de las curvas de adsorción-desorción de nitrógeno; para ello se utilizó un equipo Automático marca Quantachrome modelo Autosorb-1C.

Identificadas las propiedades texturales de los NR, se decidió aplicar dichos NR en la degradación fotocatalítica de la molécula orgánica 2,4-Dinitroanilina (2,4-DNA). Para lo anterior se preparó una solución acuosa contaminada con 80 ppm de 2,4-DNA, a la que se le añadieron los NR y se le irradió energía con una lámpara UV high pressure Hg pen-lamp. La evolución de la 2,4-DNA se evaluó con un espectrómetro UV-Vis marca Perkin Elmer modelo Lambda 12 con integración Labsphere RSA-PE-20[1].

---

1. La prueba fotocatalítica se realizó como sigue: se colocaron 150 ml de una solución acuosa de 2,4-DNA (80 ppm) en un vaso de precipitado de 500 ml en presencia de 30 mg de NR (esto forma el fotoreactor). A la solución se le suministró aire a una velocidad de flujo de 1 ml s^{-1}. La solución se expuso a irradiación de luz usando una lámpara de luz UV (con irradiación de 254 nm y una intensidad de 2.2 mW cm^{-2}) encapsulada en un tubo de cuarzo inmerso en la solución durante 3 horas. De la solución irradiada, se tomaron alícuotas de 3 ml en diferentes intervalos de tiempo con la finalidad de seguir la degradación como una función del tiempo. La evolución de la 2,4-DNA se evaluó con un espectrofotómetro marca Perkin Elmer modelo Lambda 12. La temperatura del fotorreactor se mantuvo constante a 25 °C.

Por último, se decidió explorar la oxidación catalítica del hollín como una tercera forma de aprovechamiento de este tipo de NR. El objetivo principal de la combustión catalítica de hollín es abatir su temperatura de combustión[2], para ello se formó una mezcla sólida[3] con 33 mg de NR, 10 mg de hollín y 100 mg de carburo de silicio. La mezcla se colocó en un reactor tubular de cuarzo de 8 mm de diámetro. Dicho reactor se introdujo en un horno donde se elevó la temperatura de forma gradual[4] de 25 a 625 °C a 10 °C min⁻¹.

3. Resultados preliminares

En esta sección se presentan los resultados correspondientes a las fases de recuperación de NR de las paredes del reactor HFCVD-CSVT, la fase de caracterización y, por último, se muestran las propuestas para el aprovechamiento de dichos NR.

3.1 Recuperación de los nano-residuos

De la técnica de síntesis HFCVD se generó y acumuló una cantidad considerable de NR, mismos que fueron recuperados directamente de las paredes del

---

2. Los gases de escape de los motores de combustión de diesel contienen partículas pequeñas de hollín (también llamado negro de carbón), las cuales se capturan en la cercanía del motor con un filtro con recubrimiento catalítico. Dichas partículas muchas veces bloquean los filtros afectando el funcionamiento del sistema de combustión. El objetivo del proceso de oxidación de hollín es aprovechar las temperaturas de los gases de escape (de 350 a 500 °C), con la finalidad de desbloquear el filtro degradando las partículas del hollín con la ayuda de un catalizador de oxidación. La función del catalizador de oxidación es transformar los hidrocarburos y el monóxido de carbono, en agua y dióxido de carbono, los cuales son compuestos menos nocivos para el medio ambiente.

3. El filtro de partículas de un motor a diesel está conformado típicamente con paredes filtrantes porosas de carburo de silicio (SiC) recubiertas con un catalizador por donde fluyen los gases de escape que contienen hollín. La función del SiC (como material refractario) es mantener la temperatura elevada y homogénea en todo el filtro. La mezcla solida preparada para realizar este experimento, simula ser el sistema conformado por el filtro y los gases descritos previamente.

4. En realidad el sistema y procedimiento experimental para la evaluación catalítica de los NR en el proceso de oxidación de hollín es más complejo y consta de lo siguiente: los NR y el hollín se mezclaron por molienda manual en un mortero de ágata durante 10 minutos hasta lograr "contacto íntimo" (el contacto pobre se realiza sin molienda y con una espátula). Se mezclaron 33 mg de NR con 10 mg de hollín modelo comercial denominado Printex U de Evonik Industries (área BET de 95 m² g⁻¹, contenido de cenizas <1 %, 5 % de materia volátil, 92.2 % de C, 0.6 % H, 0.2 % N y 0.4 % S). A la mezcla anterior se le agregó 100 mg de SiC (para evitar la caída de presión, promover la transferencia de calor y homogeneizar la temperatura). La mezcla se homogeneizó con una espátula y se colocó en un reactor de cuarzo en forma de "U" cuyo diámetro interno fue de 8 mm. El reactor se colocó dentro de un horno eléctrico equipado con un controlador de temperatura.

reactor para su caracterización, identificación y clasificación. El material recolectado tiene una textura de polvo extremadamente fino, por lo que fácilmente puede desprenderse de cualquier superficie lisa; sin embargo, esto también facilita su volatilidad con pequeñas corrientes de aire. En la Figura 3 se observa que la mayoría del material desprendido del filamento de tungsteno, no se depositó sobre el sustrato de Si, sino que se pegó a las paredes del reactor (Figura 3 a y b). Esa mancha sobre el reactor es un producto indeseable o NR que se recupera rascando las paredes durante la limpieza del reactor (Figura 3c).

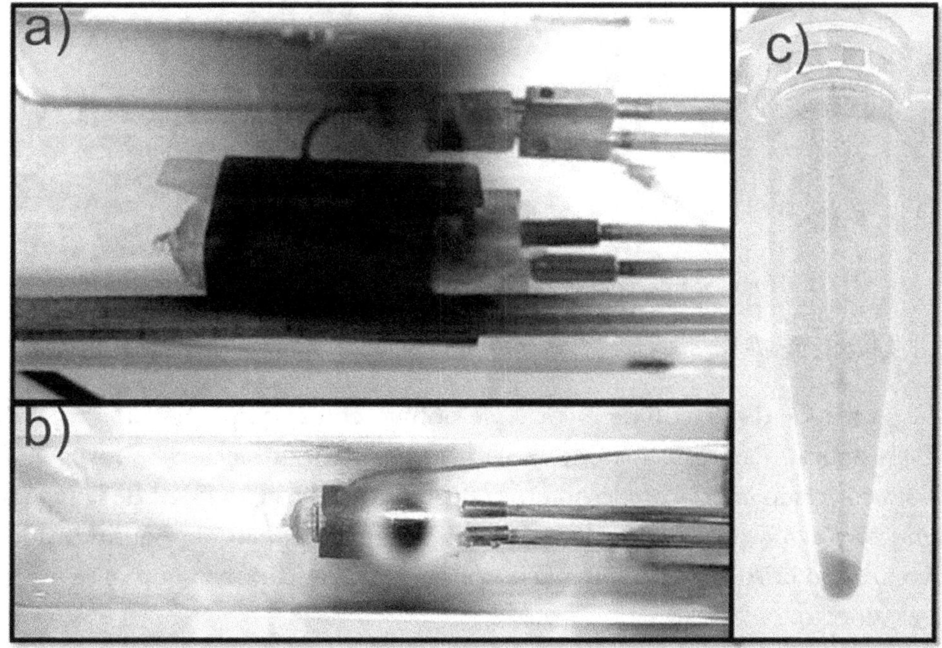

Figura 3. Síntesis por la técnica HFCVD a) tubo de reactor CVD (vista de perfil); b) tubo de reactor CVD (vista superior), y c) NR recolectados de las paredes del reactor [25].

3.2 Resultados de la caracterización de los nano-residuos

Como se describió con anterioridad, en esta sección se muestran los resultados de la caracterización de los NR mediante SEM, DRX, Infrarrojo y Raman.

3.2.1 Morfología de los nano-residuos generados de la técnica HFCVD

Durante la síntesis por HFCVD se obtuvieron NR que cristalizan en forma de coliflor. Este tipo de estructura es muy común en películas delgadas depositadas por filamento de tungsteno. Cada uno de los racimos de la flor está formado por esferas pequeñas de aproximadamente 100 nm. El material mostrado en la Figura 4 corresponde al polvo que se adhiere a las paredes internas del reactor. En apariencia física muestra un color azul muy similar al que se deposita en el sustrato, este polvo se recolectó con el objetivo de caracterizarlo para explorar la posibilidad de aprovecharlo en alguna aplicación. El polvo observado a través del SEM resultó estar compuesto por cristales de entre 100 y 600 nm de diámetro, según se observa en las micrografías de la Figura 4.

Figura 4. Imágenes de SEM de NR obtenidos por HFCVD.

3.2.2 Difracción de rayos X de los nano-residuos producidos por la técnica HFCVD

El patrón de difracción de rayos X se obtuvo con el quipo X´Pert Pro MRD de PANalytical. Para este material, solamente se hizo difracción de rayos X del polvo recolectado en las paredes internas del reactor. El patrón DXR de la Figura 5 no muestra algún pico conocido del óxido de tungsteno, lo que significa que el polvo azul no cristaliza en alguna fase conocida del WO, por lo que se considera que es amorfo.

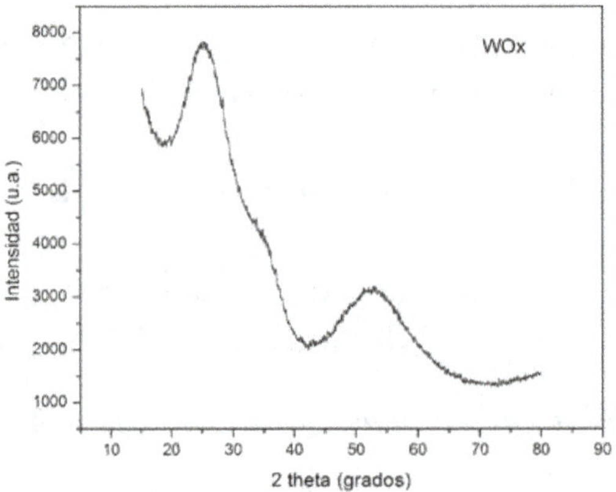

Figura 5. Patrón de difracción de los NR recolectados en el interior del reactor CVD.

3.2.3 Espectros de absorción de nano-residuos obtenidos del reactor HFCVD

En la Figura 6 se muestran los espectros de infrarrojo de los NR recolectados de diferentes zonas del reactor. El espectro en color negro corresponde a la zona central del reactor, el rojo a la entrada del reactor y el azul a la parte posterior del reactor. En estos espectros se observan picos en las siguientes posiciones: 485, 570, 670, 770, 1004, 1411, 1539, 1695, 2102, y 2700 cm^{-1}. Las bandas atribuidas al WO_3 se encuentran en el intervalo de 650 a 879 cm^{-1} y se atribuyen a una vibración de estiramiento del enlace W-O-W. La banda en 1005 cm^{-1} se atribuye a una vibración en plegado normal del enlace W-O. La banda en 1411 cm^{-1} corresponde a una vibración de estiramiento del enlace W-O. En el caso de la banda en 1643 cm^{-1} es atribuida a vibraciones de estiramiento del enlace W-OH debido a la vibración de flexión de las moléculas de agua absorbidas.

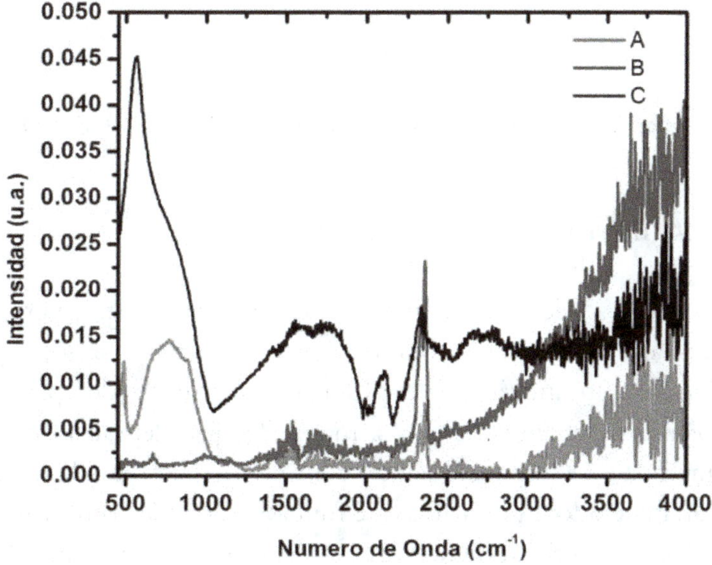

Figura 6. Espectros de absorción de NR obtenidos de diferentes secciones del reactor HFCVD.

3.2.4 Espectro Raman de nano-residuos obtenidos del proceso HFCVD

En la Figura 7 se muestra el espectro Raman de la zona central del reactor. En este espectro se observan seis picos atribuidos al WO_3, y estos están en 270, 330, 690, 714, 790 y 810 cm^{-1}. Específicamente, las bandas en 270 y 330 cm^{-1} pertenecen a vibraciones de plegamiento del enlace W-O. Las bandas en 714 y 810 cm^{-1} se atribuyen a vibraciones de estiramiento del enlace W-O y por último las bandas en 690 y 790 cm^{-1} pertenecen a vibraciones de estiramiento de los enlaces O-W-O.

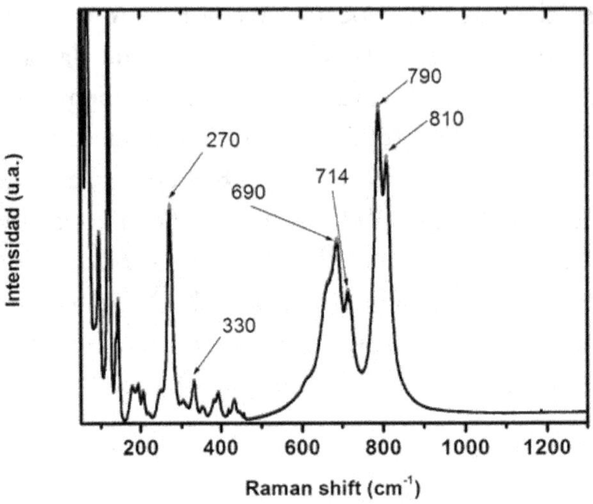

Figura 7. Espectro Raman de NR obtenidos del proceso HFCVD.

3.3 Aprovechamiento de nano-residuos

En esta sección se demuestra que los NR generados en diversos procesos de síntesis de nanoestructuras se pueden aprovechar tal y como se propuso en la sección 2.4. Para lo anterior, se exploraron alternativas de aprovechamiento como materiales adsorbentes de gases, materiales fotodegradadores de materia orgánica contenida en aguas residuales y como materiales para la oxidación cata-lítica del hollín generado en motores que funcionan con la combustión de diesel. A continuación, se describen dichos procesos de aprovechamiento de los NR.

3.3.1 Aprovechamiento de nano-residuos como materiales adsorbentes de gases

Para explorar si los NR se pueden aprovechar como materiales adsorbentes de gases, es necesario conocer las propiedades texturales mediante la obtención de las curvas de adsorción-desorción de nitrógeno. Dicho análisis arrojó las curvas de la Figura 8. La forma de las isotermas corresponde al tipo II en la clasificación de la IUPAC [26] y posee un ciclo de histéresis tipo H3, el cual es característico de condensación capilar en poros en forma de placas. Además, los NR poseen un área superficial BET de 38 m^{2}gr^{-1} y un volumen total de poro de 0.12 cm^{3}gr^{-1}.

Los valores de área y volumen abren la posibilidad de que los NR puedan usarse también como materiales catalizadores.

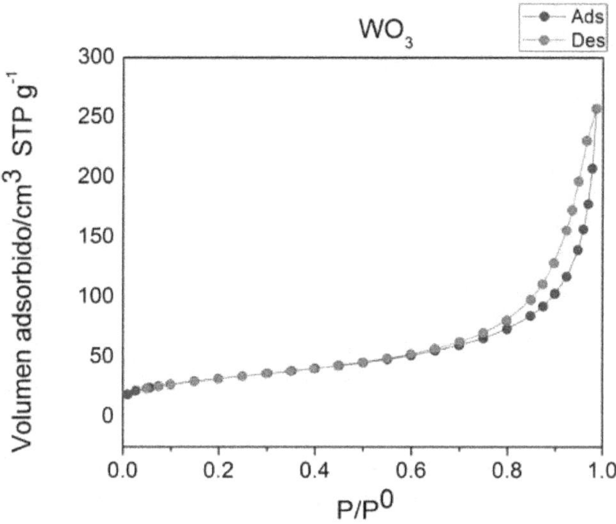

Figura 8. Isotermas de adsorción de N$_2$ para NR provenientes de la síntesis de nanoesferas de WO$_3$ mediante HFCVD.

3.3.2 Aprovechamiento de nano-residuos como materiales fotodegradadores de materia orgánica

Identificadas las propiedades texturales de los NR y valiéndose de los principios fisicoquímicos de la sección 3.2, se decidió aplicar dichos NR en la degradación fotocatalítica de la molécula orgánica 2,4-Dinitroanilina (2,4-DNA). Para lo anterior se preparó una solución acuosa contaminada con 80 ppm de 2,4-DNA, a la que se le añadieron los NR y se le irradió energía. La Figura 9a muestra los espectros de absorción UV-vis en los que se puede apreciar la disminución de la absorbancia UV-vis de la 2,4-DNA. Los puntos máximos localizados a una longitud de onda de 350 nm son indicio de la existencia de la molécula 2,4-DNA. Se puede apreciar que dicho punto máximo va desapareciendo de las curvas a - h. En la Figura 9b se han graficado los puntos máximos de absorción de la Figura 9a como función del tiempo. Es notorio que en aproximadamente 220 minutos la 2,4-DNA se ha degradado por completo y que por lo tanto los NR pudieran ser una alternativa para limpiar aguas residuales contaminadas con moléculas orgánicas del tipo de la 2,4-DNA; sin embargo, falta someter a los NR a varios ciclos consecutivos de reutilización con la finalidad de explorar si poseen la misma capacidad de degradación o pierden la capacidad fotocatalítica. De igual forma, no se ha explorado el problema sobre cómo separar los NR (agregados) del agua ya libre de moléculas de 2,4-DNA.

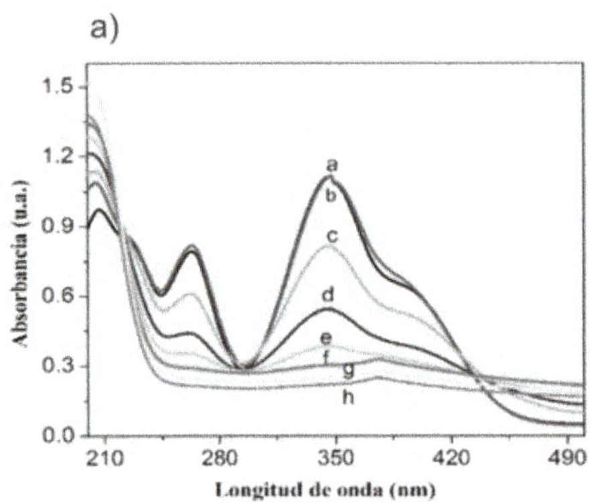
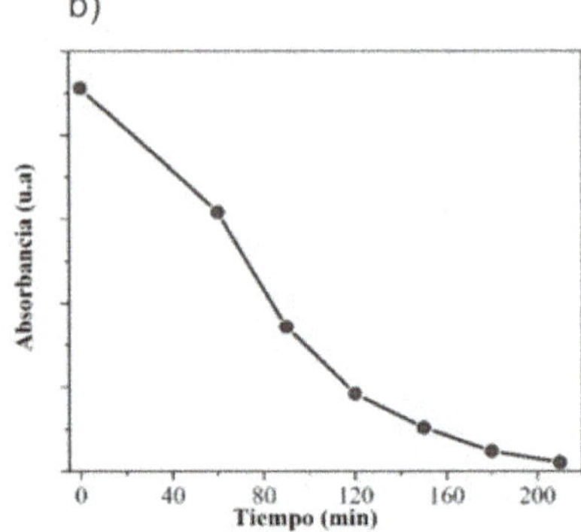

Figura 9. a) Espectros de absorción UV-vis que muestran los cambios de la 2,4-DNA, producto de la degradación en presencia de los NR's durante el proceso de irradiación, y b) Tiempo de fotodegradación de la molécula 2,4-DNA con los NR.

3.3.3 Aprovechamiento de nano-residuos como materiales para la oxidación catalítica de hollín

El resultado de la actividad catalítica en la reacción de conversión de hollín a CO_2 se muestra en la Figura 10. En dicha figura se aprecian las curvas de formación de CO_2 y CO en función de la temperatura (la señal se captó con un espectrofotómetro de masas y un sensor de temperatura) y se identifica que la formación máxima de ambos compuestos se da a una temperatura de 550 °C. También se puede ver que la selectividad de la reacción para formar CO_2 es mayor que para la formación del CO (lo evidencian las áreas que están por debajo de cada curva), esto es bueno pues se debe recordar que el CO es mortal a tiempos largos de exposición, aun a concentraciones bajas. En este trabajo se descarta el estudio de la eliminación de los óxidos de nitrógeno involucrados en el proceso de oxidación de hollín.

En resumen, los NR usados para oxidar hollín presentan su actividad máxima a 550°C, por encima del intervalo de temperaturas deseado (350 a 500 °C que es el intervalo de funcionamiento de los motores a diesel), pero 80 °C por debajo de la temperatura normal de oxidación de hollín en ausencia de catalizador (típicamente 630 °C) [27]. En este trabajo queda pendiente funcionalizar los NR con algún metal con la finalidad de aumentar su actividad catalítica y disminuir así la temperatura de oxidación [28, 29]. Sin embargo, el resultado mostrado aquí es interesante ya que es similar a lo reportado en trabajos previos por otros autores [29-31].

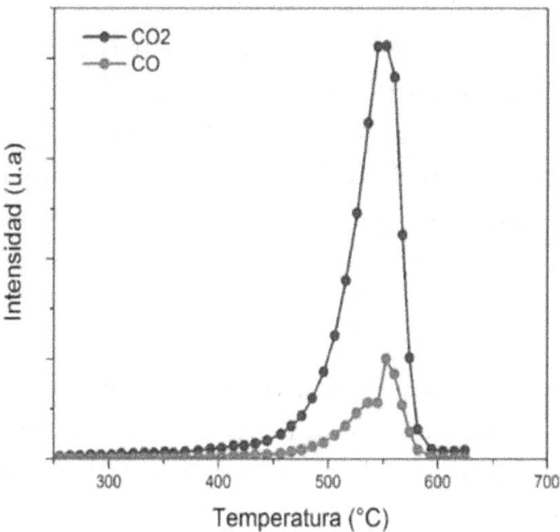

Figura 10. Formación de CO_2 y CO como productos del proceso de la oxidación de hollín con NR generados por HFCVD.

4. Conclusiones

Se recolectaron los residuos nanoestructurados (nano-residuos) generados y acumulados en un reactor HFCVD-CSVT, el cual se utiliza normalmente para sintetizar nanoestructuras semiconductoras de diversas morfologías (nanoalambres, nanolápices, nanoláminas, etc.). Dichos residuos se aprovecharon como materiales adsorbentes de gases, como materiales fotodegradadores de materia orgánica y como materiales para la oxidación catalítica de hollín. Se encontró por microscopía electrónica de barrido (SEM), difracción de rayos X (DRX), infrarrojo y Raman, que los nano-residuos (NR) tal y como son recolectados, poseen forma de nanoesferas de WO_{3-x} (óxido de tungsteno pseudo-estequiométrico) aglutinadas a manera de "racimos", dando origen a poros ubicados entre las esferas (mesoporos) y entre los racimos (macroporos). El área superficial de los poros fue de 38 m^2gr^{-1} y un volumen total de poro de 0.12 cm^3gr^{-1}, por lo que dichos residuos son susceptibles de usarse como materiales adsorbentes. En cuanto a la aplicación de los NR como materiales fotodegradadores, se eligió a la molécula 2,4-Dinitroanilina (2,4-DNA) para trabajar con ella y se observó que en aproximadamente 220 min se degradó por completo. También se exploró la capacidad de los NR para oxidar el hollín. De lo anterior, se concluye que este tipo de NR pudieran ser aprovechados antes de ser confinados.

En este trabajo se demostró que los NR se pueden valorizar mediante su aprovechamiento en ciertas aplicaciones. Se demostró la utilidad que se les puede dar como materiales catalizadores, aunque faltó profundizar en el estudio de su funcionalización y conservación de su actividad catalítica. Se propone continuar en investigaciones futuras analizando la capacidad de aprovechamiento como adsorbente de gases, tales como N_2 y CO_2.

Agradecimientos

Los autores agradecen a la Secretaría de Investigación y Posgrado del Instituto Politécnico Nacional por el apoyo otorgado mediante el proyecto multidisciplinario 1772 "Valorización de residuos nanoestructurados (nano-residuos) provenientes del proceso CSVT".

Referencias

1.   Ray, C., & Pal, T. (2017). Review: Recent advances of metal-metal oxide nanocomposites and their tailored nanostructures in numerous catalytic applications. *J. Mater. Chem. A*, 5, 9465-9487, 2017. https://doi.org/10.1039/C7TA02116J

2.   Gao, L., Gan, W., Qiu, Z., Zhan, X., Qiang, T., & Li, J. (2017). Preparation of heterostructured WO3/TiO2 catalysts from wood fibers and its versatile photodegradation abilities", *Nature: Scientific Reports*, 7, Article number: 1102, 1-13. https://doi.org/10.1038/s41598-017-01244-y

3.   Gu, G., Zheng, B., Han, W.Q., Roth, S., & Liu, J. (2002). Tungsten Oxide Nanowires on Tungsten Substrates. *Nano Lett.*, 2, 849-851. https://doi.org/10.1021/nl025618g

4.   Wang, Z. L. (2004). Zinc oxide nanostructures: growth, properties and applications. *J. Phys.: Condens. Matter.*, 16, R829-R858. https://doi.org/10.1088/0953-8984/16/25/R01

5.   Cai, M., Fan, P., Long, J., Han, J., Lin, Y., Zhang, L. et al. (2017). Large-Scale Tunable 3D Self-Supporting WO3 Micro-Nano Architectures as Direct Photoanodes for Efficient Photoelectrochemical Water Splitting. *ACS Appl. Mater. Interfaces*, 9, 17856−17864. https://doi.org/10.1021/acsami.7b02386

6.   Park, E., Dollinger, A., Huether, L., Blankenhorn, M., Koehler, K., Seo, H. et al. (2017). The nano-fractal structured tungsten oxides films with high thermal stability prepared by the deposition of size-selected W clusters. *Appl. Phys. A,* 23, 418. https://doi.org/10.1007/s00339-017-1037-8

7. Palgrave, R. G., & Parkin, I. P. (2006). Chemical vapour deposition of titanium chalcogenides and pnictides and tungsten oxide thin films. *New J. Chem.*, 30, 505-514. https://doi.org/10.1039/b513177d

8. Vaddiraju, S., Chandrasekaran, H., & Sunkara, M. K. (2003). Vapor Phase Synthesis of Tungsten Nanowires. *J. Am. Chem. Soc.,* 125, 10792-10793. https://doi.org/10.1021/ja035868e

9. Baek, Y., & Yong, K. (2007). Controlled Growth and Characterization of Tungsten Oxide Nanowires Using Thermal Evaporation of WO3 Powder. *J. Phys. Chem. C*, 111, 1213-1218. https://doi.org/10.1021/jp0659857

10. Polleux, J., Antonietti, M., & Niederberger, M. (2006). Ligand and solvent effects in the nonaqueous synthesis of highly ordered anisotropic tungsten oxide nanostructures. *J. Mater. Chem.*, 16, 3969-3975. https://doi.org/10.1039/b607008f

11. Huguenin, F., Gonzalez, E. R., & Oliveira, O. N. (2005). Electrochemical and Electrochromic Properties of Layer-by-Layer Films from WO3 and Chitosan. *J. Phys. Chem. B*, 109 (26), 12837-12844. https://doi.org/10.1021/jp0504165

12. Ponzoni, A., Comini, E., Sberveglieri, G., Zhou, J., Deng, S. Z., Xu, N. S., Ding, Y., & Wang Z. L. (2006). Ultrasensitive and highly selective gas sensors using three-dimensional tungsten oxide nanowire networks. *Appl. Phys. Lett.,* 88, 203101-1-203101-3. https://doi.org/10.1063/1.2203932

13. Chávez, F., Felipe, C., Lima, E., Haro-Poniatowski, E., Ángeles-Chávez, C., Goiz, O., Peña-Sierra, R., & Camacho-López, M. A. (2008). HFCVD and CSVT techniques working together to produce nanostructured tungsten oxide. *Mater. Lett.,* 62, 4191-4194. https://doi.org/10.1016/j.matlet.2008.06.038

14. Li, Y. H., Zhao, Y. M., Ma, R. Z., Zhu, Y. Q., Fisher, N. Jin, Y. Z., & Zhang, X. P. (2006). Novel Route to WOx Nanorods and WS2 Nanotubes from WS2 Inorganic Fullerenes. *J. Phys. Chem. B*, 110 (37), 18191-18195. https://doi.org/10.1021/jp062427j

15. Parthangal, P. M., Cavicchi, R. E., Montgomery, C. B., Turner, S., & Zachariah, M. R. (2005). Restructuring Tungsten Thin Films into Nanowires and Hollow Square Cross Section Microducts. *J. Mater. Res.,* 20, 2889. https://doi.org/10.1557/JMR.2005.0373

16. Park, J. H., Park, O. O., & Kim, S. (2006). Photoelectrochemical water splitting at titanium dioxide nanotubes coated with tungsten trioxide. *Appl. Phys. Lett.,* 89, 163106-1-63106-3. https://doi.org/10.1063/1.2357878

17. Wanga, H., Yang, H., Chu, D., Ge, G., Sun, J., Hu, W. et al. (2017). Synthesis of 3D hierarchical WO3·0.33H2O microsphere architectures with enhanced visible-light-driven photocatalytic activity. *Materials Letters*, 193, 5-8. https://doi.org/10.1016/j.matlet.2017.01.048

18. Li, Y., Tang, Z., Zhang, J., & Zhang, Z. (2017). Enhanced photocatalytic performance of tungsten oxide through tuning exposed facets and introducing oxygen vacancies. *Journal of Alloys and Compounds*, 708, 358-366. https://doi.org/10.1016/j.jallcom.2017.03.046

19. Xiao, B., Wang, D., Wang, F., Zhao, Q., Zhai, C., & Zhang, M. (2017). Preparation of hierarchical WO3 dendrites and their applications in NO2 sensing. *Ceramics International*, 43, 8183-8189. https://doi.org/10.1016/j.ceramint.2017.03.144

20. Cai, Z., Li, H., Ding, J., & Guo, X (2017). Hierarchical flowerlike WO3 nanostructures assembled by porous nanoflakes for enhanced NO gas sensing. *Sensors and Actuators B*, 246, 225-234. https://doi.org/10.1016/j.snb.2017.02.075

21. Cao, S., Chen, H. (2017). Nanorods assembled hierarchical urchin-like WO3 nanostructures: Hydrothermal synthesis, characterization, and their gas sensing properties. *Journal of Alloys and Compounds*, 702, 644-648. https://doi.org/10.1016/j.jallcom.2017.01.232

22. Li, Y., Tanga, Z., Zhang, J., & Zhanga, Z. (2017). Fabrication of vertical orthorhombic/hexagonal tungsten oxide phasejunction with high photocatalytic performance. *Applied Catalysis B: Environmental*, 207, 207-217. https://doi.org/10.1016/j.apcatb.2017.02.026

23. Bao, K. Mao, W. Liu, G. Ye, L. Xie, Y. Ji, S. Wang, D. Chen, C. Li, Y. (2017). Preparation and electrochemical characterization of ultrathin WO3−x/C nanosheets as anode materials in lithium ion batteries. *Nano Research*, 10(6), 1903-1911. https://doi.org/10.1007/s12274-016-1373-6

24. Felipe, C. Meraz, L.(2012). Hacia la nanociencia verde: nanomateriales, nanoproductos y nanorresiduos. *Materiales Avanzados*, 19, 31-33.

25. Cruz-Leal, S. (2016). *Identificación y aprovechamiento de nano-residuos generados durante la síntesis de nanomateriales.* Tesis de Maestría, Instituto Politécnico Nacional (CIIEMAD), México.

26. Thommes, M., Kaneko, K., Neimark, A. V., Olivier, J. P., Rodríguez-Reinoso, F., Rouquerol, J., & Sing, K. S. W. (2015). Physisorption of gases, with special reference to the evaluation of surface area and pore size distribution (IUPAC Technical Report). *Pure Appl. Chem.*, 87(9-10), 1051-1069. https://doi.org/10.1515/pac-2014-1117

27. Christensen, J., Grunwaldt, J., & Jensen, A. (2016). Importance of the oxygen bond strength for catalytic activity in soot oxidation. *Applied Catalysis B: Environmental*, 188, 235-244. https://doi.org/10.1016/j.apcatb.2016.01.068

28. Oi-Uchisawa, J., Obuchi, A., Enomoto, R. Xi, J., Nanda, T., Liu, S., & Kushiyama, S. (2001). Oxidation of carbon black over various Pt/MOx/SiC catalysts. *Applied Catalysis B: Environmental*, 32, 257-268. https://doi.org/10.1016/S0926-3373(01)00150-3

29. Theofanidis, S., Batchu, R., Galvita, V., Poelman, H., & Marin, G. B. (2016). Carbon gasification from Fe-Ni catalysts after methane dry reforming. *Applied Catalysis B: Environmental*, 185, 42-55. https://doi.org/10.1016/j.apcatb.2015.12.006

30. Oi-Uchisawa, J., Obuchi, A., Enomoto, R., Liu, S., Nanba, T., & Kushiyama, S. (2000). Catalytic performance of Pt supported on various metal oxides in the oxidation of carbon black. *Applied Catalysis B: Environmental*, 26, 17-24. https://doi.org/10.1016/S0926-3373(99)00142-3

31. Ma. A., Gu, L., Zhu, Y., Meng, M., Gui, J., Yu, Y., & Zhang, B. (2017). Controlled synthesis of hierarchically crossed metal oxide nanosheet arrays for diesel soot elimination. *Chem. Commun.,* 53, 8517-8520. https://doi.org/10.1039/C7CC04065B

APLICACIÓN DE HIDRÓXIDOS DOBLES LAMINARES DE ZnCuAl MODIFICADOS CON SDS COMO FOTOCATALIZADORES PARA EL TRATAMIENTO EFICIENTE DE AGUA CONTAMINADA CON COMPUESTOS ORGÁNICOS

Guadalupe Romero-Ortiz[1], Enrique Samaniego-Benítez[2], Luis Lartundo-Rojas[3], Yolanda Flores-Jiménez[1,4], Francisco Tzompantzi, Angeles Mantilla[1]*

[1]Instituto Politécnico Nacional, Laboratorio de FOTOCATÁLISIS, CICATA-Legaria, Legaria 694, México. CDMx.
[2]Cátedras CONACyT, Instituto Politécnico Nacional, Laboratorio de FOTOCATÁLISIS, CICATA-Legaria, Legaria 694, México. CDMx.
[3]Instituto Politécnico Nacional, Centro de Nanociencias y Micro y Nanotecnologías, Luis Enrique Erro s/n, Zacatenco, México. CDMx.
[4]Depto. de Química, Área de Catálisis, Grupo ECOCATAL, UAM-Iztapalapa, Av. San Rafael Atlixco 186, México. CDMx.

tomitzi_21@hotmail.com, enriquesabe1809@gmail.com, llartundo@ipn.mx, yolandajimenezflores@gmail.com, fjtz@xanum.uam.mx, angelesmantilla@yahoo.com.mx

https://doi.org/10.3926/oms.401.4.2

Romero Ortíz, G., Samaniego Benítez, E., Lartundo Rojas, L., Jimenez Flores, Y., Tzompantzi, F., & Mantilla, A. (2020). Aplicación de Hidróxidos dobles laminares de ZnCuAl modificados con SDS como fotocatalizadores para el tratamiento eficiente de agua contaminada con compuestos orgánicos. En E. San Martin Martinez, M. A. Ramírez Salinas (Eds.). *Avances de investigación en Nanociencias, Micro y Nanotecnologías. Barcelona, España: OmniaScience. 117-131.*

Resumen

Se sintetizaron hidróxidos dobles laminares de ZnCuAl con y sin la adición de dodecilsulfato de sodio (SDS) como agente modificante, del que ha sido reportado que, al ser integrado durante la síntesis en hidróxidos dobles laminares incrementa su eficiencia fotocatalítica, una vez calcinados. Los materiales sintetizados fueron caracterizados mediante las técnicas de difracción de rayos X, microscopía electrónica de barrido y espectroscopía IR y UV-Vis para determinar sus propiedades estructurales, morfológicas, químicas y ópticas, y posteriormente evaluados en la reacción de fotodegradación de fenol en presencia de luz UV. La estructura laminar característica del material se conservó en el material con SDS, pero se pudo observar un incremento del valor de energía de banda prohibida al material contendiendo este agente. En los resultados de reacción, el material modificado mostró una fotoactividad casi 35 % superior al material sin modificar. Este incremento en la eficiencia fotocatalítica podría ser debido a una posible generación de radicales $SO_4^{\bullet-}$ a partir de la irradiación de los grupos sulfato del SDS, los cuales son altamente oxidantes en este tipo de reacciones de fotooxidación en fase acuosa.

Palabras clave: Fotodegradación; fotocatálisis; agua; hidróxidos dobles laminares; fenol.

1. Introducción

Entre estos contaminantes orgánicos, el fenol y sus derivados son de los más recurrentes, ya que es empleado de manera intensiva en la industria farmacéutica como antiséptico, anestésico y desinfectante. Su ingesta es altamente tóxica y produce alteraciones en las paredes celulares y necrosis por coagulación, entre otros efectos, además de ser fácilmente absorbido a través de la piel, pudiendo ser letal a dosis de 1 gramo. Algunos de los síntomas que se presentan por su presencia en el organismo humano son náuseas, diarrea hemática, vómitos, dolor abdominal, barras blancas en la mucosa oral, en algunas ocasiones se pueden presentar quemaduras, convulsiones, coma, taquicardia, disritmias, hipotensión, hipotermia, acidosis metabólica, alteraciones pulmonares, aliento dulce, quemaduras cutáneas cuando se tienen niveles altos de la molécula y puede generar cáncer o incluso la muerte [1].

Entre los métodos para eliminar contaminantes orgánicos presentes en agua como el fenol y sus derivados, los procesos fotocatalíticos, consistentes en una serie de reacciones redox que se llevan a cabo en sistemas constituidos por materiales semiconductores (fotocatalizadores) y una fuente de luz radiante con energía similar o mayor al valor de energía de banda prohibida de los mismos, ha cobrado cada vez más importancia.

Los hidróxidos dobles laminares (HDL), también llamados hidrotalcitas [1], son compuestos basados en la estructura de la brucita (MgO), en donde a través de una sustitución isomórfica parcial de iones metálicos divalentes como el magnesio (M^{2+}) por iones metálicos trivalentes, como el aluminio (M^{3+}), se generan láminas con carga positiva, la cual es compensada por la presencia de aniones en el espacio interlaminar (Figura 1).

La fórmula general de los hidróxidos dobles laminares puede ser expresada como:

$$[M^{2+} + x\, M^{3+}_{1-x}\, (OH)_{2x}\, A_m^- \cdot zH_2O]\ [2]$$

donde:

M^{2+} y M^{3+} son iones metálicos divalentes y trivalentes, y A_m^- es un anión intercalado (CO_3^{2-} el más común)

Al ser sometidos a tratamiento térmico, los hidróxidos dobles laminares sufren un proceso de deshidroxilación, convirtiendo los hidróxidos que los conforman

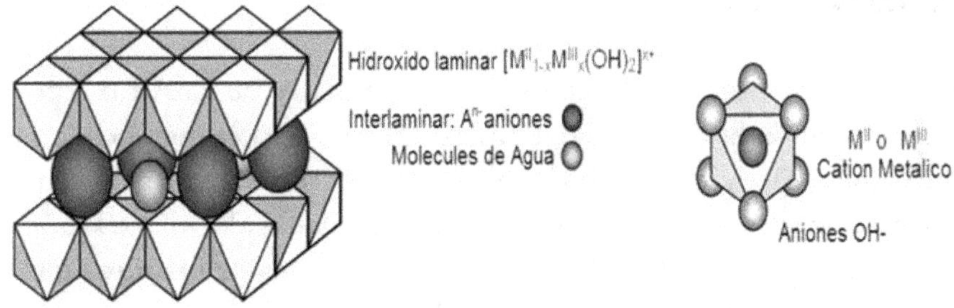

Figura 1. Estructura de la brucita y de los hidróxidos dobles laminares.

en sus respectivos óxidos mixtos, los cuales han mostrado ser fotocatalizadores activos en reacciones de degradación de contaminantes orgánicos en medio acuoso [3-8]. Particularmente en el área de fotocatálisis se ha prestado especial atención a los hidróxidos dobles laminares de ZnAl, debido a que a través de su calcinación es posible obtener óxido de zinc, que junto con el óxido de titanio se encuentran entre los fotocatalizadores mayormente reportados en la literatura [9-18], aunque otros sistemas en donde se incluye metales como Ni y Cu han sido estudiados obteniendo excelentes resultados [19].

Sin embargo, aunque los óxidos mixtos derivados de los hidróxidos dobles laminares han dado excelentes resultados, el proceso de calcinación involucra un gasto energético que incrementa los costos de los materiales, por lo cual se buscó la alternativa de emplear como fotocatalizadores para la degradación de contaminantes orgánicos en presencia de irradiación UV los hidróxidos dobles laminares sin calcinar, ya que aunque éstos no son materiales semiconductores, cuentan con una alta población de OH en su superficie y podrían propiciar la generación de radicales OH• durante su irradiación con luz UV, los cuales son generados como parte del mecanismo de oxidación de compuestos orgánicos empleando procesos fotocatalíticos. Adicionalmente, trabajos previos [20] mostraron que, mediante la adición de dodecilsulfato de sodio como agente modificante en fotocatalizadores basados en hidróxidos dobles laminares de ZnAl calcinados, se lograba mejorar la actividad del fotocatalizador en la degradación fotocatalítica de fenol en presencia de luz visible. Con base en lo anterior, se decidió probar la eficiencia de hidróxidos dobles laminares de ZnCuAl, modificados con la adición de dodecilsulfato de sodio (SDS) y sin calcinar como fotocatalizadores para la degradación de fenol en medio acuoso en presencia de luz UV.

2. Materiales y métodos

Se realizó la síntesis de hidróxidos dobles laminares de ZnAlCu con y sin la adición de dodecilsulfato de sodio, empleando para ello el método de coprecipitación. Como reactivos de partida se emplearon nitratos de zinc, aluminio y cobre, con los cuales se preparó una solución, calculando una relación molar teórica de 2/1/1 para Zn/Cu/Al. La solución obtenida se mantuvo a un valor constante de pH = 9 mediante la adición de urea al sistema reaccionante, manteniendo en agitación magnética durante 12 horas a una temperatura controlada de 90°C, empleando para ello un sistema de reflujo. En el caso del material con adición de SDS, se procedió de la misma manera, pero a la solución reaccionante se le agregaron 10 mL de una solución de dodecilsulfato de sodio (0,02 mol de SDS/L) durante la síntesis.

La cristalinidad de los materiales sintetizados se determinó mediante el análisis por difracción de Rayos X empleando para ello un difractómetro marca Bruker-AXS, modelo D8-advance, el análisis morfológico se realizó por microscopía electrónica de barrido (SEM, por sus siglas en inglés) y el análisis de la composición elemental se realizó con un detector (JEOL, EX94400T4L11 Dry SD); los espectros de IR se obtuvieron mediante un equipo (Shimadzu, IRTracer-100). La medición de las propiedades ópticas se realizó empleando un equipo de espectroscopía UV-Vis (Agilent, CARY 100) con accesorio de reflectancia difusa, y los valores de energía de banda prohibida se calcularon mediante la ecuación de Kubelka-Munk.

La actividad fotocatalítica se evaluó en la reacción de fotodegradación de la molécula de fenol (en solución acuosa a concentración de 40 ppm), empleando un reactor de Pyrex de diseño especial, irradiando la mezcla reaccionante de la solución problema con 0.1 g del fotocatalizador con una lámpara de luz UV (254 nm, 4400 μW/cm^2).

Se eligió al fenol como molécula orgánica a degradar ya que este es un contaminante frecuente en los efluentes industriales, que presenta con alta toxicidad para el ser humano y los ecosistemas, aun a bajas concentraciones, y por dificultad para ser degradado al tratarse de una molécula muy refractaria.

La detección de la disminución del contenido de fenol en la solución se realizó siguiendo la banda característica a 269 nm del espectro obtenido del análisis UV Vis, y cuantificando el fenol mediante los valores graficados de una curva de calibración con soluciones de fenol de concentración conocida previamente elaborada.

3. Resultados

Los espectros obtenidos del análisis de difracción de rayos X de los materiales ZnCuAl con y sin la adición de dodecilsulfato de sodio (SDS) se presentan en la Figura 2, donde se puede observar para ambos casos, la presencia de las señales características de los hidróxidos dobles laminares [21-23], con reflexiones a 2Θ ≈ 11.6, 23.2°, 34.5°, 39.1°, 46.7°, 60.1° y 61.43°, correspondientes a los planos (003), (006), (101), (015), (018), (110) y (113), respectivamente (PDF 38-0486).

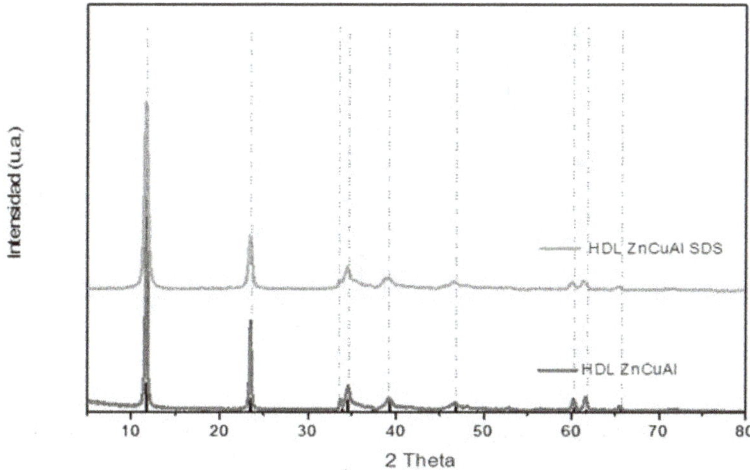

Figura 2. Patrones de difracción obtenidos para los HDL ZnCuAl con y sin adición de SDS.

Respecto a los resultados del análisis por espectroscopía IR de las muestras se puede observar la presencia de una banda amplia e intensa alrededor de 3100 a 3600 cm^{-1}, en la que se encentran englobadas señales correspondientes a vibraciones o estiramientos de diferentes enlaces: una banda observada entre 3100-3300 cm^{-1} relacionada con el enlace C-H; a 3330 cm^{-1} podemos localizar vibraciones de O-H y entre 3300-3500 cm^{-1} la vibración de tensión del enlace -H-N-; la banda a 3500 cm^{-1} corresponde a los estiramientos de los grupos hidroxilo tanto de las láminas como del agua del espacio interlaminar.

Adicionalmente a esta banda, se puede identificar una banda de absorción a 1364 cm^{-1} pertenece a los carbonatos presentes en el espacio interlaminar y una banda en la región de 400-1000 cm^{-1}, que está relacionada con las vibraciones de oxígeno [24]. Por otra parte, las bandas de espectro correspondientes a 1635 y 1385 cm^{-1} pertenecen a vibraciones de flexión de enlaces O-H [25] y finalmente, la banda de absorción a 465 cm^{-1}, que es típica de las vibraciones de estiramiento reticular ν(Zn-O) [26] (que corresponden también a picos atribuidos a modos de estiramiento M-O). Solamente en el caso de los materiales con SDS se puede apreciar una banda en la región de 1040 a 1060 cm^{-1}, correspondiente a enlaces S=O, así como otra banda entre 1300-1340 cm^{-1} relacionada con enlaces SO$_2$ (Figura 3).

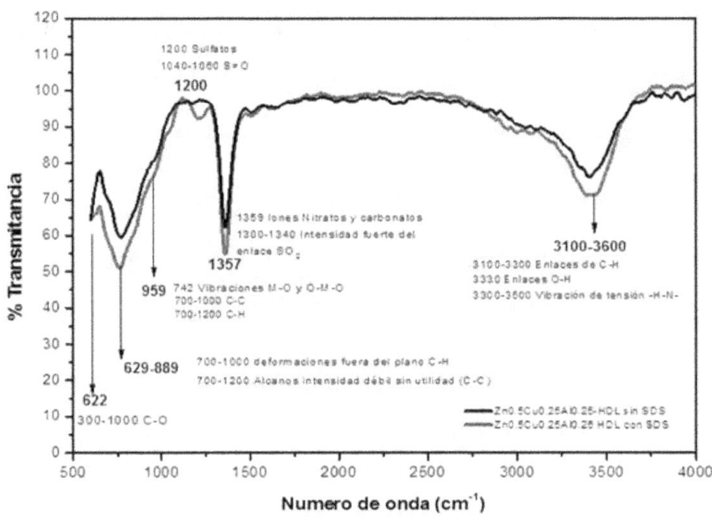

Figura 3. Espectros de IR de hidróxidos dobles laminares ZnCuAl, con y sin adición de SDS.

Los valores de energía de banda prohibida de los materiales modificados con SDS se calcularon empleando la ecuación de Kubelka Munk, empleando para ello los valores de reflectancia obtenidos mediante la medición por espectroscopía UV, y realizando la interpolación lineal de éstos a lo largo del borde de absorción. De los resultados obtenidos de este cálculo se pudo apreciar que mediante la integración de SDS al material se produjo un incremento en el valor del ancho de banda prohibida, de un valor de 2.73eV a 3.19 eV, para los HDL de ZnCuAl y ZnCuAl SDS, respectivamente.

Respecto a la morfología de los hidróxidos dobles laminares ZnAlCu modificados con SDS, las micrografías obtenidas mediante el análisis por microscopía electrónica de barrido muestran la presencia de partículas conglomeradas en forma de plaquetas hexagonales que es característica este tipo de materiales [27-30]

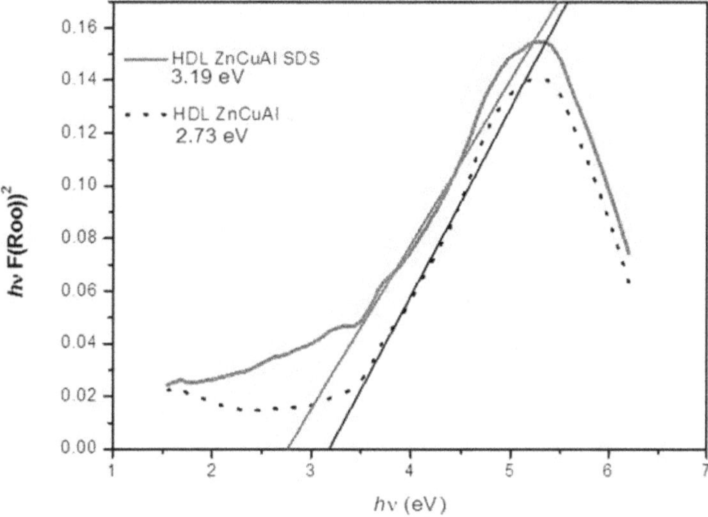

Figura 4. Determinación de los valores de energía de banda prohibida para los HDL ZnAl y ZnCuAl sintetizados.

con bordes no muy definidos (Figura 4), lo cual ha sido reportado por algunos autores para HDLs modificados mediante la adición de un compuesto orgánico durante su síntesis [31].

Figura 5. Imágenes obtenidas por microscopía electrónica de barrido del HDL ZnAlCu SDS.

Los resultados obtenidos de la fotodegradación de fenol con los HDL ZnCuAl con y sin adición de SDS se presentan en la Figura 6, donde podemos observar que a pesar de tener un valor de energía de banda prohibida (band gap) mayor, el material con SDS mostró un incrementó en la actividad fotocatalítica respecto al material sin modificar, con un 80 % vs 60 % de degradación de fenol, respectivamente.

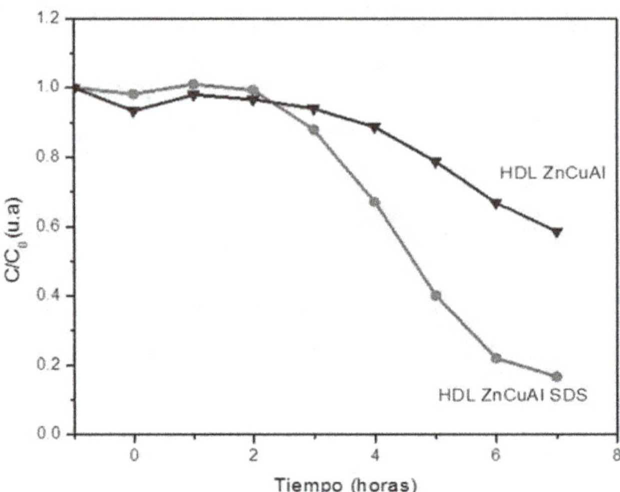

Figura 6. Fotodegradación de la molécula de fenol en presencia de luz UV empleando hidróxidos dobles laminares ZnCuAl con y sin la incorporación de SDS.

Este resultado podría ser explicado con base en las reacciones del proceso fotocatalítico, donde un material semiconductor al tener una interacción con una fuente de irradiación, produce los denominados pares electrón-hueco (e^-/h^+) en la superficie del mismo; este par (e^-/h^+) en presencia de la molécula de agua genera a su vez radicales capaces de llevar a cabo las reacciones de fotooxidación de compuestos orgánicos.

Como se mencionó anteriormente, en reacciones en fase acuosa ocurre una adsorción espontánea en el semiconductor y, dependiendo del potencial redox (o nivel de energía) de cada adsorbato, se efectúa una transferencia de electrones (e^-) hacia las moléculas aceptoras; por otro lado, el hueco positivo (h^+) es transferido a una molécula donadora, como se describe en las siguientes ecuaciones:

$Ec. \ 1 \quad h\,v + SC \rightarrow e^- + h^+$

$Ec. \ 2 \quad A(ads) + e^- \rightarrow A(ads)^-$

$Ec. \ 3 \quad D(ads) + h^+ \rightarrow D\ (ads)^+$

Por ello, podemos decir que la excitación fotónica del material semiconductor es el primer paso de la activación de todo el sistema de reacciones involucradas en un sistema fotocatalítico. Por otra parte, el radical OH$^{\bullet-}$ formado durante las reacciones del proceso fotocatalítico es conocido como especie oxidante muy reactiva, capaz de degradar moléculas de compuestos orgánicos como el fenol, las cuales como ya se mencionó, son absorbidas durante el proceso en la superficie del fotocatalizador (en este caso LDH ZnCuAl). La fotodegradación entonces se efectúa mediante un mecanismo complejo, el cual se esquematiza en la Figura 7.

En el caso del fotocatalizador HDL ZnCuAl SDS, la presencia de grupos sulfatos provenientes de la molécula del dodecilsulfato de sodio (SDS) podrían generar, en presencia de la irradiación de luz UV, radicales $SO_4^{\bullet-}$, los cuales han sido reportados con un alto potencial de oxidación, incluso superior al presentado por los radicales OH• involucrados en el proceso fotocatalítico tradicional, y al intervenir éstos en las reacciones de este proceso, incrementaría la velocidad de degradación de la molécula de fenol, como se pudo ver en los resultados de evaluación.

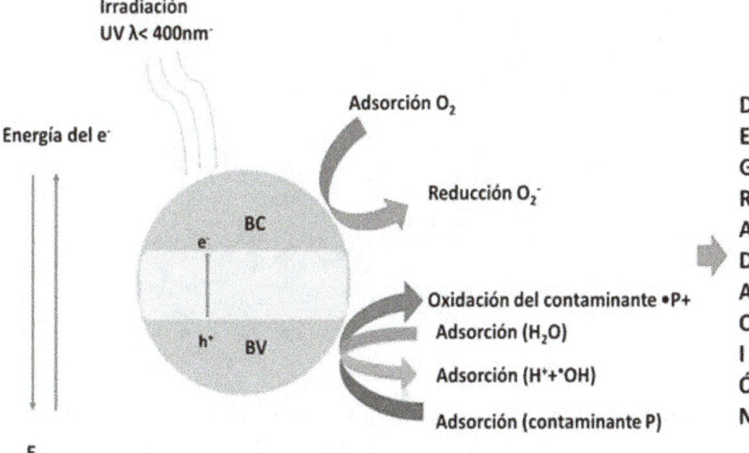

Figura 7. Esquema del sistema de reacciones involucradas durante el proceso fotocatalítico de manera tradicional.

Las reacciones propuestas para el mecanismo propuesto se presentan a continuación:

$$Ec\ 1 \quad ZnAl\text{-}SDS + h\,v \rightarrow h^+BV + e^-BC$$
$$Ec\ 2 \quad e^-BC + O_2 \rightarrow O_2^-$$
$$Ec\ 3(a) \quad h^+BV + H_2O \rightarrow OH^{\bullet} + H^+$$
$$Ec\ 3\ (b) \quad h^+BV + SO_4 \rightarrow SO_4^{\bullet-}$$
$$Ec\ 4 \quad (SO_4^{\bullet-} + OH^{\bullet}) + Fenol \rightarrow degradación$$

4. Conclusión

Se pudo constatar que la integración de dodecilsulfato de sodio (SDS) como agente modificante incrementa la actividad fotocatalítica de los hidróxidos dobles laminares para reacciones de degradación de compuestos orgánicos como el fenol en medio acuoso, empleando como fuente de irradiación luz UV de baja intensidad. Este comportamiento podría ser explicado mediante una posible generación, a partir de los sulfatos contenidos en la molecula del SDS, de radicales $SO_4{}^{\bullet-}$, ya que estos radicales han sido reportados con un alto potencial de oxidación, mayor al de los radicales $OH^{\bullet-}$ involucrados en la mayoría de los casos para este tipo de reacciones de oxidación fotocatalítica.

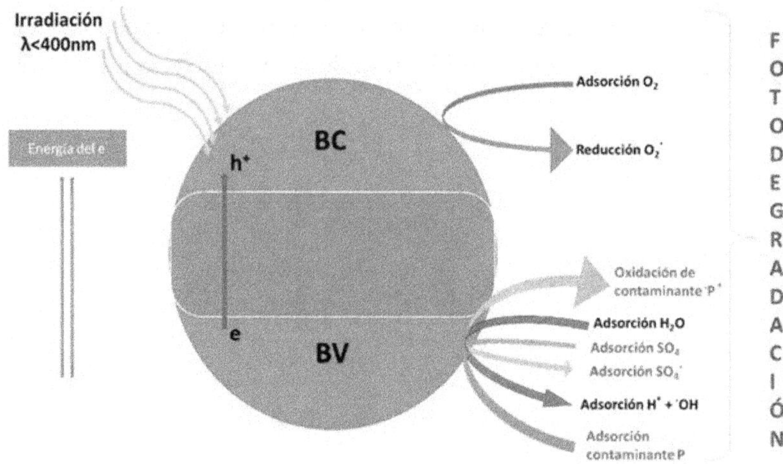

Figura 8. Esquema del sistema de reacciones propuesto, incorporando la generación de radicales $SO_4{}^{\bullet-}$ en el proceso fotocatalítico.

Agradecimientos

Los autores agradecen el apoyo económico de los proyectos SIP 20201317, 20200352 y CONACyT CB 285711. G. Romero agradece a CONACyT y BEIFI por las becas otorgadas. y Y. Jiménez agradece a CONACyT por el apoyo de la beca de estancia post doctoral.

Referencias

1.   Carrasco Jiménez, M. S., de Paz Cruz, J. A. (s.f.). *Tratado de emergencias médicas (II)*. España: Arán Ediciones.

2.   Cavani, F. Trifiró, F. Vaccari, A. (1991). Hydrotalcite-type anionic clays: Preparation, properties and applications. *Catal. Today*, 11, 173-301. https://doi.org/10.1016/0920-5861(91)80068-K

3. Tzompantzi, F. Mendoza, G., Rico, J. L., Mantilla, A. (2014). Enhanced photoactivity for the phenol mineralization on ZnAlLa mixed oxides prepared from calcined LDHs. *Catal. Today,* 220, 56-60. https://doi.org/10.1016/j.cattod.2013.07.014

4. Mantilla, A. Tzompantzi, F, Fernández, J. L., Díaz-Góngora, J. A. L., Gómez, R. (2010). Photodegradation of phenol and cresol in aqueous medium by using Zn/Al + Fe mixed oxides obtained from layered double hydroxides materials. *Catal. Today*, 150, 353-357. https://doi.org/10.1016/j.cattod.2009.11.006

5. Xiang, X., Xie, L., Li, Z., & Li, F. (2013). Ternary MgO/ZnO/In2O3 heterostructured photocatalysts derived from a layered precursor and visible-light-induced photocatalytic activity. *Chem. Eng. J.*, 221, 222-229. https://doi.org/10.1016/j.cej.2013.02.030

6. Seftel, E. M., Popovici, E., Mertens, M. Cool, P., & Vansant, E. F. (2008). Sn^{IV}-containing layered double hydroxides as precursors for nano-sized ZnO/SnO2 photocatalysts*Appl. Catal.,* B 84, 699-705. https://doi.org/10.1016/j.apcatb.2008.06.006

7. Tzompantzi, F., Mantilla, A., Bañuelos, F., Fernández, J., & Gómez, R. (2011). Improved Photocatalytic Degradation of Phenolic Compounds With ZnAl Mixed Oxides Obtained from LDH Materials. *Top. Catal,* 54, 257-263. https://doi.org/10.1007/s11244-011-9656-3

8. Mendoza-Damián, G., Tzompantzi, F., Mantilla, A., Barrera, A., Lartundo-Rojas, L., & Hazard, J. (2013). Photocatalytic degradation of 2,4-dichlorophenol with MgAlTi mixed oxides catalysts obtained from layered double hydroxides. *Mater*, 263, 67-72. https://doi.org/10.1016/j.jhazmat.2013.09.047

9. Patzko, A., Kun, R., Hornok, V., Dekany, I., Engelhardt, T., & Schall, N. (2005). ZnAl-layer double hydroxides as photocatalysts for oxidation of phenol in aqueous solution. *Colloids and Surfaces A: Physicochem. Eng. Aspects*, 265, 64-72. https://doi.org/10.1016/j.colsurfa.2005.01.039

10. Ahmed, N., Shibata, Y., Taniguchi, T., & Izumi, Y. (2011). Photocatalytic conversion of carbon dioxide into methanol using zinc–copper–M(III) (M = aluminum, gallium) layered double hydroxides. *J. Catal.,* 279, 123-135. https://doi.org/10.1016/j.jcat.2011.01.004

11. Martín del Campo, E., Valente, J.S. Pavón, T. Romero, R. Mantilla, A. Natividad, R. (2011). 4-Chlorophenol Oxidation Photocatalyzed by a Calcined Mg–Al–Zn Layered Double Hydroxide in a Co-current Downflow Bubble Column. *Ind. Eng. Chem. Res.,* 50, 11544-11552. https://doi.org/10.1021/ie200412p

12. Mantilla, A., Tzompantzi, F., Fernández, J. L., Díaz-Góngora, J. A. I., Mendoza, G., & Gómez, R. (2009). Photodegradation of 2,4-dichlorophenoxyacetic acid using ZnAl-Fe layered double hydroxides as photocatalysts. *Catal. Today*, 148, 119-123. https://doi.org/10.1016/j.cattod.2009.02.036

13. Seftel, E. M., Popovici, E., Mertens, M., De Witte, K., Van Tendeloo, G., Cool, P., & Vansant, E. F. (2008). Zn–Al layered double hydroxides: Synthesis, characterization and photocatalytic application. *Microporous Mesoporous Mater.*, 113, 296-304. https://doi.org/10.1016/j.micromeso.2007.11.029

14. Parida, M., Baliarsingh, N., Sairam Patra, B., Das, J., & Mol, J. (2007). Copperphthalocyanine immobilized Zn/Al LDH as photocatalyst under solar radiation for decolorization of methylene blue. *Catal. A: Chem.* 267, 202-208. https://doi.org/10.1016/j.molcata.2006.11.035

15. Parida, K. M., &. Mohapatra, L. (2012). Recent progress in the development of carbonate-intercalated Zn/Cr LDH as a novel photocatalyst for hydrogen evolution aimed at the utilization of solar light. *Dalton Trans.*, 41, 1173-1178. https://doi.org/10.1039/C1DT10957J

16. Mohapatra, L., & Parida, K. M. (2012). Zn–Cr layered double hydroxide: Visible light responsive photocatalyst for photocatalytic degradation of organic pollutants. *Sep. Purif. Technol.*, 91, 73-80. https://doi.org/10.1016/j.seppur.2011.10.028

17. Lam, S. M., Sin, J., Abdullah, A. Z., & Mohamed, A. R. (2012). Degradation of wastewaters containing organic dyes photocatalysed by zinc oxide: a review. *Desalin. Water Treat.*, 41, 131-169. https://doi.org/10.1080/19443994.2012.664698

18. Rezaei, M., & Habibi-Yangjeh, A. (2013). Microwave-assisted preparation of Ce-doped ZnO nanostructures as an efficient photocatalyst. *Mater. Lett.*, 110, 53-56. https://doi.org/10.1016/j.matlet.2013.07.120

19. Carja G., Dartu L., Okada K., Fortunato E. (2013). Nanoparticles of copper oxide on layered double hydroxides and the derived solid solutions as wide spectrum active nano-photocatalysts. *Chem. Eng. J.*, 222, 60–66. https://doi.org/10.1016/j.cej.2013.02.039

20. Romero Ortíz, G. (2015). *Desarrollo de fotocatalizadores basados en hidrotalcitas modificadas para la fotodegradación de contaminantes en medio acuoso.* Tesis para obtener el Grado de Maestría en Tecnología Avanzada, CICATA Legaria, Instituto Politécnico Nacional.

21. Shu, Z., Guo, Q., Chen, Y., Zhou, J., Guo, W., & Cao, Y. (2017). Accelerated sorption of boron from aqueous solution by few-layer hydrotalcite nanosheets. *Applied Clay Science*, 149, 13-19. https://doi.org/10.1016/j.clay.2017.09.003

22. Smoláková, L., Dubnová, l., Kocík, J., Endres, J., Daniš, S., Priecel, P., & Čapek, L. (2018). *In-situ* characterization of the thermal treatment of Zn-Al hydrotalcites with respect to the formation of Zn/Al mixed oxide active in aldol condensation of furfural. *Applied Clay Science*, 157, 8-18. https://doi.org/10.1016/j.clay.2018.02.024

23. Ch. Yang, L. L. J. of Coll. and Interf. Sc. (2016) 115-120.

24. Janusz Nowicki, J. L. (2016). Transesterification of rapeseed oil to biodiesel over Zr-dopped MgAl hydrotalcites. *Appl. Catal. A: General,* 524, 17-24. https://doi.org/10.1016/j.apcata.2016.05.015

25. Liang, X. Yang, X. Gao, G. Li, C., Yuanyuan, L., Zhang, W. et al. (2016). Performance and mechanism of CuO/CuZnAl hydrotalcites-ZnO for photocatalytic selective oxidation of gaseous methanol to methyl formate at ambient temperature *J. of Catal.* 339, 68-76. https://doi.org/10.1016/j.jcat.2016.03.033

26. El-Nahhal, I. M., Elmanama, A. A., El Ashgar, N. M., Amara, N., Selmane, M., & Chehimi, M. M. (2017). Stabilization of nano-structured ZnO particles onto the surface of cotton fibers using different surfactants and their antimicrobial activity. *Ultrasonics Sonochemistry*, 38, 478-487. https://doi.org/10.1016/j.ultsonch.2017.03.050

27. Zhang, F., Du, N., Song, S., Liu, J., & Hou, W. (2013). Mechano-hydrothermal synthesis of Mg2Al–NO3 layered double hydroxides. *J. Solid State Chem.* 206, 45-50. https://doi.org/10.1016/j.jssc.2013.07.030

28. Zhang, F., Du, N., Li, H., Liu, J., & Hou, W. (2014). Synthesis of Mg–Al–Fe–NO3 layered double hydroxides via a mechano-hydrothermal route. *J. Solid State Sci.,* 32, 41-47. https://doi.org/10.1016/j.solidstatesciences.2014.03.012

29. Abelló, S., Medina, F., Tichit, D., Pérez-Ramírez, J., Rodrígueza, X., Sueirasa, J. E., Salagrea, P., & Cesterosa, Y. (2005). Study of alkaline-doping agents on the performance of reconstructed Mg–Al hydrotalcites in aldol condensations. *Appl. Catal. A: Gen.,* 281, 191-198. https://doi.org/10.1016/j.apcata.2004.11.037

30. Greenwell, H. C., Holliman, P. J., Jones, W., & Velasco, B. V. (2006). Studies of the effects of synthetic procedure on base catalysis using hydroxide-intercalated layer double hydroxides. *Catal. Today* 114, 397-402. https://doi.org/10.1016/j.cattod.2006.02.035

31. Costa, F. R., Leuteritz, A., Wagenknecht, U., Jehnichen, D., Häußler, L., & Heinrich, G. (2008). Intercalation of Mg–Al layered double hydroxide by anionic surfactants: Preparation and characterization. *Applied Clay Science*, 38, 153-164. https://doi.org/10.1016/j.clay.2007.03.006

ESTUDIOS DE BIOCOMPATIBILIDAD DE COMPÓSITO EN GEL DE *ALOE VERA* Y NANOPARTÍCULAS DE TiO$_2$ PARA USO DÉRMICO

Iván Cortes-Priego[1], Francisco Rodríguez-González[1], Jesús Santa Olalla-Tapia[2], Argelia López-Bonilla[1], Antonio Ruperto Jiménez-Aparicio[1], Luz Arcelia García-Serrano[3], Brenda Hildeliza Camacho-Díaz[1*]

[1]Centro de Desarrollo de Productos Bióticos, Instituto Politécnico Nacional, Yautepec, Morelos, México.
[2]Facultad de Medicina, Universidad Autónoma del Estado de Morelos, Cuernavaca, Morelos, México.
[3]Centro Interdisciplinario de Investigaciones y Estudios sobre Medio Ambiente y Desarrollo, Instituto Politécnico Nacional, Ciudad de México.

ivi_390@hotmail.com, frrodriguezg@ipn.mx, jsa@uaem.mx, arjaparicio@gmail.com, draluzg81ds@gmail.com, bcamacho@ipn.mx

https://doi.org/10.3926/oms.401.5

Cortes-Priego, I., Rodríguez-González, F., Santa Olalla-Tapia, J., Jiménez-Aparicio, A. R., García-Serrano, L. A., & Camacho-Díaz, B. H. (2020). Estudios de biocompatibilidad de compósito en gel de aloe vera y nanopartículas de TIO2 para uso dérmico. En E. San Martin Martinez, M. A. Ramírez Salinas (Eds.). *Avances de investigación en Nanociencias, Micro y Nanotecnologías. Barcelona, España: OmniaScience. 133-152.*

Resumen

En la actualidad se busca la aplicación y desarrollo de materiales que sean de origen natural y que cumplan con características de calidad y su función no se vea afectada o reducida en comparación con los materiales sintéticos ya existentes.

Cualquier sustancia aplicada sobre la piel enfrenta tres rutas diferentes de penetración: intercelular, transcelular y a través de los apéndices de la piel, como los folículos pilosos, las glándulas sebáceas y las glándulas sudoríparas.

La *Food and Drug Administration* afirma que los riesgos para los consumidores de materiales a escala nanométrica son bajos, dado que no hay evidencia de que las nanopartículas contenidas en productos de aplicación tópica o en este caso textiles penetren la piel adulta intacta, esta afirmación es cierta para la mayoría de nanopartículas; aunque, también es importante notar que existen pocos estudios publicados en cuanto a penetración dérmica de estos materiales

En cuanto a materia de seguridad, una de las mayores preocupaciones es la toxicología de las nanopartículas ya que muchas de ellas poseen propiedades redox o son fotocatalíticas; por ejemplo, las nanopartículas de dióxido de titanio presentes en bloqueadores solares, además de que la exposición al sol genera radicales libres que podrían degradar a los componentes del producto o bien atacar a las células de la piel. Actualmente ya está demostrado que el dióxido de titanio en nanopartículas, presentes en cosméticos y bloqueadores solares, generan radicales libres y pueden ocasionar daños al ADN de las células de la piel, provocando desde una simple inflamación de tejidos hasta tumores.

Por otro lado, cuando la función de barrera de la piel se ve comprometida, como en los casos de piel envejecida o que presente alguna patología como lo es una herida, puede haber un potencial incremento en la penetración de nanopartículas. Por lo tanto, la penetración dérmica de los materiales a escala nanométrica es un tema de debate, debido al creciente número de estudios que se están llevando a cabo a este respecto. Las mayores preocupaciones consisten en la posibilidad de penetración y acumulación de materiales a afirmación mediante estudios recientes.

Por lo tanto, el presente estudio propone el estudio del daño oxidativo celular y la genotoxicidad producida por las partículas nanométricas inorgánicas, sobre células dérmicas. A través de un análisis de absorción UV y pruebas de citotoxicidad del gel.

Palabras clave: Aloe vera; biocompatibilidad; nanopartículas; dióxido de titanio.

1. Introducción

En la actualidad se busca la aplicación y desarrollo de materiales que sean de origen natural y que cumplan con características de calidad para sus diferentes usos. Por lo que se estudian e investigan nuevos componentes que puedan ser considerados como alternativa para el desarrollo de materiales biodegradables y que su función no se vea afectada o reducida a materiales sintéticos ya existentes [1].

Un material compuesto o "composite" es un sistema material integrado por una combinación de dos o más micro o macro estructuras que difieren en forma y composición química y que son esencialmente insolubles entre sí. Los compósitos conservan, al menos parcialmente, las propiedades de sus sistemas constituyentes y se diseñan para que presenten la combinación de propiedades más favorable. Por lo general, estos se dividen en tres tipos por su composición, como: Compósitos de partículas, de fibra, laminares y naturales o biocompositos [2].

Los biocompositos se conocen porque sus componentes son polímeros biodegradables como matriz, generalmente polímeros de origen lignocelulosico debido a que provienen de fuentes naturales, renovables, bajo costo y diferentes propiedades que dependen de la aplicación al que se vaya a dirigir [3].

Los biopolímeros o polímeros naturales son aquellos producidos por un organismo vivo, lo cual los hace renovables y biodegradables, algunos de los cuales ya son producidos y extraídos a gran escala para múltiples productos [4]. Los biopolímeros naturales provienen de cuatro grandes fuentes: origen animal (colágeno/gelatina), origen marino (quitina/quitosan), origen agrícola (lípidos y grasas e hidrocoloides –proteínas y polisacáridos) y origen microbiano (ácido poliláctico –PLA– y polihidroxialcanoatos –PHA) [5].

Hasta hace poco, la mayoría de las fuentes de *Aloe* colocan en la familia de los lirios (*Liliaceae*), pero de acuerdo con Grindlay y Reynolds [6], ahora se ha designado su propia familia, conocida como *Aloaceae*. Reynolds describió 314 especies en sus monografías clásicas; ahora hay más de 360 especies [6]. La nomenclatura de *A. vera* ha sido muy confusa, y la planta ha sido conocida bajo una variedad de nombres. Hay por lo menos cuatro especies principales que tienen propiedades medicinales: *Aloe Barbadensis Miller, Aloe perryi Baker, Aloe ferox* y *Aloe arborescens.*

La mayoría de las plantas de *Aloe* no son tóxicas, pero algunas son extremadamente tóxicas pues contienen algunas sustancias nocivas. *Aloe Barbadensis Miller* es considerada como la más potente con propiedades medicinales y, por lo tanto, es la más popular. El *aloe vera* es una planta suculenta perenne con rosetas basales formada de hojas gruesas. En las plantas jóvenes, las hojas aparecen a nivel del suelo, pero el tallo puede crecer hasta 25 cm en las plantas más viejas. En la planta puede haber de 12 a 16 hojas, al centro las jovenes más o menos erguidas y hojas inferiores mayores de más amplia difusión. La planta es madura cuando tiene alrededor de 4 años de edad y tiene una vida útil de unos 12 años. Cuando están bien desarrollados, las hojas individuales pueden alcanzar una altura de 60-90 cm de largo y 5-10 cm de ancho, la base va disminuyendo hasta un punto con dientes similares a una sierra a lo largo de sus márgenes. Una sección transversal de la hoja revela un aspecto ligeramente cóncavo en la superficie adaxial, mientras que la superficie abaxial inferior es notablemente convexa. En las plantas jóvenes y en las ventosas, que crecen desde la base de la planta, las hojas son de un color verde brillante, con manchas blanquecinas irregulares en ambos lados. A medida que maduran las rosetas, hojas sucesivas tienen menos puntos, y hojas completamente maduras son de un color gris verdoso impecable [7].

El *Aloe Barbadensis Miller* pertenece al género de aloe herbácea, arbustiva, suculentas xerófilas perennes. De acuerdo con el USDA *Aloe vera* pertenece a la familia de las liliáceas [8]. El gel de aloe vera mostró muchas actividades fisiológicas y biológicas tales como la capacidad de curación de quemaduras en la piel, lesiones cutáneas, acné, la psoriasis, la anemia, anti-cáncer, el agente anti-viral, protector UV efecto profiláctico contra las radiaciones nucleares accidentales, agente antiinflamatorio, analgésico, antioxidante y también puede ser utilizado como pesticida natural [9]. El gel de aloe vera contiene una fracción importante de polisacáridos que representan cerca del 20 % de los sólidos totales del parénquima mucilaginoso de las hojas y aproximadamente 20 glicoproteínas asociadas con estos polisacáridos que contribuyen a actividad farmacológica de *aloe vera* en la estimulación de la proliferación celular y sus otras actividades biológicas [10]. Estos carbohidratos están formados principalmente de mananos altamente acetilados y polisacáridos pécticos. La composición de los carbohidratos de la pulpa ha sido descrita en numerosos reportes e incluyen manosa, galactosa, arabinosa, ácidos glucorónico y galacturónico [8]. La composición total del gel de *aloe vera* comprende polisacáridos, proteínas, minerales y lípidos. Las hojas de *Aloe vera* se componen de tres distintas regiones morfológicas: exocarpio piel, conductos de aloína o acíbar, pulpa o tejido parenquimático que es el mucílago incoloro que comprende el grueso de la hoja [11].

Su actividad depende de varios parámetros estructurales tales como el grado de acetilación, el peso molecular, tipo de azúcar, y ramificación glucosidica [12]. El constituyente y la estructura de los polisacáridos cambian con los cambios del entorno de crecimiento y condiciones de cultivo de *Aloe Barbadensis Miller*. Son pocos los informes que se ocupan de los polisacáridos de la piel de *Aloe Barbadensis Miller* [13].

El dióxido de titanio (TiO$_2$), es un material de gran importancia tecnológica por sus propiedades fisicoquímicas: es un semiconductor tipo n sensible a la luz que absorbe radiación electromagnética, principalmente en la región UV; además, es un óxido anfótero muy estable químicamente [14]. Se utiliza en grandes cantidades como pigmento en pintura y alimentos, recubrimiento anticorrosivo, sensor de gases, de manera general en la industria de la cerámica, aditivos, farmacéuticos y absorbente de rayos UV en productos cosméticos [15].

Las nanopartículas de dióxido de titano han sido obtenidas utilizando diversos métodos, entre los que se destacan la síntesis química en fase vapor, hidrotermal, precipitación controlada, sol-gel y precursor polimérico (Pechini); de estos métodos dependerá el control del tamaño de partícula y pureza química [16].

La química de la superficie de óxidos metálicos se controla directamente por la estructura de la superficie, en la que los lados ácido-básico crean cationes metálicos y aniones de oxígeno. Las nanopartículas de dióxido de titanio tienen tres fases metaestables, que son conocidos como rutilo, anatasa y brookita. La estructura de rutilo es la fase regular para el dióxido de este metal, la mayoría de las nanopartículas de dióxido de titanio comerciales son una mezcla de anatasa, rutilo y anatasa [17].

Aunque se definen sus propiedades más importantes como no tóxicas, compatibles con las mucosas y la piel, estudios recientes han demostrado que las nanopartículas de dióxido de titanio inducen daño en el ADN y el aumento del riesgo de cáncer y el mecanismo podrían relacionarse con el estrés oxidativo y a su alta exposición. Las nanopartículas de dióxido de titanio han sido clasificadas por la Agencia Internacional para la Investigación sobre el Cáncer (IARC, por sus siglas en inglés) como posible carcinógeno para los seres humanos [15].

Estudios que utilizaron un modelo de ratón demostraron que la sonda oral de TiO nanosized causó efectos genotóxicos y citotóxicos a través de la inflamación y el estrés oxidativo in vivo. Estudios in vitro en células de pulmón humano de los efectos genotóxicos y oxidativo inducido por la generación oxidante de TiO_2, revelaron inflamación y la apoptosis en las células epiteliales del pulmón; encontrado una caída de 15 % en la viabilidad y la activación de la autofagia en queratinocitos primarios humanos tratados con 10 ppm de nano-TiO_2 [18].

La primera definición oficial de biocompatibilidad fue dada en 1987 como: "La capacidad de un material para llevar a cabo una respuesta huésped apropiada en una aplicación específica." [19].

Aunque posteriormente se definió de una manera más adecuada como: "Habilidad de un biomaterial para llevar a cabo una función deseable con respecto a una terapia médica, sin producir efectos indeseables locales o sistémicos en el recipiente o beneficiario de esta terapia, generando una respuesta celular o tisular apropiadamente benéfica en una situación específica y optimizando el rendimiento clínicamente para esta terapia" [20].

Esta última definición destaca los impactos que tiene la interacción de los biomateriales con los tejidos vivos, no sólo el efecto negativo que puede llegar a tener, sino como responsables de promover el proceso de crecimiento celular [19].

A su vez, un biomaterial se distingue por su capacidad de estar en contacto con tejidos del cuerpo humano cumpliendo alguna función o remplazando un tejido sin causar un daño inaceptable, que pueden proceder de una fuente biológica o no biológica; lo que puede resumirse como cualquier material farmacológicamente inerte diseñado para ser implantado o incorporado a un sistema vivo [19 y 20].

En la actualidad, debido al desarrollo científico y tecnológico del mundo moderno y al uso no racional de la explotación de los recursos se ha propiciado la contaminación del ambiente, lo que ha causado un deterioro en la capa de ozono. Por tal motivo el hombre actual se encuentra expuesto a diferentes tipos de radiación solar [21]. La luz solar produce daño cutáneo porque las radiaciones ultravioletas son absorbidas por el ADN, ARN, proteínas, lípidos de membranas y organelos celulares presentes en la epidermis y la dermis, incluyendo el sistema vascular. Los efectos de los rayos UV son acumulativos y dosis-dependientes y están en relación a la duración, frecuencia e intensidad de la radiación; como efecto inmediato conducen a producir una inflamación y, como efecto tardío, cáncer de piel. El 95 % de radiaciones que inciden sobre nuestra piel son Infrarrojos (>760 nm) y luz visible (400-760 nm). Sólo el 5 % es radiación UV de la cual el 2 % corresponde a la UVB (290-320 nm) y el 98 % a la UVA (320-400 nm) la que puede dividirse en UVA largos o UVA-I (340-400 nm) y UVA cortos o UVA-II (320-340 nm) [22].

La exposición prolongada a la radiación UVB es responsable del cáncer de piel dado que penetra superficialmente en la piel afectando la epidermis en donde daña directamente el ADN celular. Por su parte, la radiación UVA penetra más profundamente, afectando la dermis, destruyendo las fibras elásticas y colágenas y condicionando envejecimiento, inmunosupresión, reacciones fotoalérgicas y reacciones fototóxicas [23].

Para una mejor protección solar lo más recomendable sería el evitar el sol, pero eso imposible debido a las actividades diarias de las personas [24]. Hoy en día contamos con un número considerable de fotoprotectores o bloqueadores solares con muy alto factor de protección solar, disponibles para su recomendación o prescripción. De los cuales sus principios activos responsables de la actividad de fotoprotección son comunmente avobenzona, bemotrinizol, bisoctrizol y dióxido de titanio [25].

Por lo tanto, resulta interesante caracterizar matrices microestructuradas a partir de la interacción de agentes bioactivos y poliméricos de origen vegetal para incrementar la biocompatibilidad de las nanopartículas al contacto con tejido dérmico por exposición al compósito o a las radiaciones UV.

2. Materiales y métodos

Se realizó la extracción de mucílago de *Aloe Barbadensis* Miller de acuerdo con la metodología de Femenia et al. (1999) [8]. Se recolectaron hojas de 30 a 50 centímetros de largo de plantas mayores de 4 años de edad; se lavaron con agua destilada para eliminar cualquier tipo de suciedad; se cortaron las espinas y se retiró la piel para solamente recolectar el mucílago; se trituró por 30 segundos y se filtró para retirar rastros de fibras y partículas de gran tamaño y, posteriormente, se liofilizó para su uso.

Se utilizaron nanopartículas de la empresa *Sensient Colors Latin America*, ubicada en el Estado de México. De ellas se determinaron grupos funcionales por espectrometría de infrarrojo con transformada de Furier (FTIR, por sus siglas en inglés) y tamaño de partícula por microscopia electrónica de barrido.

2.1 Caracterización fisicoquímica de mucilago de Aloe Barbadensis Miller y nanopartículas de dióxido de titanio

Se realizó el análisis químico proximal del mucílago en polvo de *Aloe Barbadensis* Miller mediante los métodos oficiales de la norma del AOAC del 2012 [26]. Haciendo uso de estos métodos se determinó el porcentaje de humedad, porcentaje de cenizas, porcentaje de extracto etéreo o lípidos y porcentaje de nitrógeno total. También, se determinó el porcentaje de carbohidratos totales de *Aloe Barbadensis* Miller, esta última determinación se realizó por diferencia de porcentaje de las cantidades anteriores.

2.2 Cromatografía en capa fina de alta resolución (HPTLC)

Para la identificación de los diferentes monosacáridos en las muestras de mucílago del *Aloe Barbadensis* Miller, se utilizó la técnica de cromatografía en capa fina de alta resolución (HPTLC, por sus siglas en inglés), según a la metodología propuesta por Mancilla-Margalli y López en el 2006 [27], se utilizó una placa de sílica gel 60 F254 con soporte de aluminio (marca Merck) con dimensiones de 20x10 cm2. En ésta se aplicaron muestras de 3 µL de soluciones estándar de diferentes azúcares en diferentes carriles: arabinosa, fructosa, galactosa, glucosa, sacarosa, ramnosa, xilosa, fucosa, manosa y soluciones de ácido como el galacturónico, glucorónico y poligalacturónico, todos los estándares se prepararon a una concentración de 3 mg/mL con agua desionizada. También, en la placa se aplicaron 15 µL de la solución elaborada con el mucílago *Aloe Barbadensis* Miller, ésta a una concentración de 6 mg/mL con agua desionizada. La fase móvil estuvo compuesta de butanol, propanol y agua desionizada a una concentración de 3:12:4 v/v/v, respectivamente. Como revelador se utilizó una solución constituida de difenilamina, anilina, acetona y ácido fosfórico a una concentración de 0.4: 0.4:16:3 w/v/v/v, respectivamente. Finalmente, la placa se calentó a 120 °C durante 1 minuto y se observó la separación de los compuestos mediante bandas de diferentes colores. Por otro lado, la identificación de los carbohidratos presentes en cada una de las muestras se realizó comparando sus factores de retención (Rf), los cuales se obtuvieron a partir de la siguiente ecuación (Ec. 1), con los Rf de los estándares.

$$Rf = \frac{\text{Distancia recorrida de la muestra}}{\text{Distancia recorrida por el disolvente}} \quad \ldots\ldots\ldots\text{(Ec. 1)}$$

2.3 Espectroscopia de infrarroja con transformada de Fourier (FTIR)

Para la determinación de los grupos funcionales del mucílago de *Aloe Barbadensis* Miller se utilizó un equipo de espectroscopia con transformada de Fourier modelo IRAffinity-1 de la marca Shimadzu, este equipo nos permitió colocar la muestra sin ningún tipo de procesamiento previo y el intervalo del espectro que se usó fue de 4000 a 500 cm^{-1} [12].

2.4 Caracterización por microscopía fotónica, MEB y MET del biocomposito

Para la determinación de la distribución de las partículas de dióxido de titanio se utilizó un microscopio óptico Nikon 80i, Japón; se realizó un frotis de los geles, y se observó y capturó con micrografías a un aumento óptico de 4X Y 20X.

Para la determinación de la microestructura y distribución de partículas del biocomposito con o sin nanopartículas de dióxido de titanio, se utilizó un equipo de microscopia electrónica de barrido (MEB) de la serie EVO LS 10 de la marca Carl Zeiss. Este equipo nos permitió someter la muestra sin una preparación previa y a una presión ambiental para un mejor análisis; las condiciones de trabajo se ajustaron de acuerdo a la muestra. Se hizo uso de microscopia electrónica de transmisión (MET) con el fin de caracterizar la morfológica del biocomposito y tamaño de las micro y nanopartículas de dióxido de titanio.

2.5 Determinación de color

Para la determinación de color se utilizó un Colorímetro Milton Roy mod. Color mate, el cual está provisto de un iluminante D65 y un ángulo de observación de 10°. Fue colocada una muestra del gel de mucílago de *Aloe Barbadensis* Miller con y sin nanopartículas de dióxido de titanio en cubas de cristal del equipo para muestras líquidas o semisólidas. Los datos obtenidos se analizaron mediante el sistema CIELAB donde L* correspondió a la coordenada de luminosidad, a*(+rojos, -verdes) y b*(+amarillos,-azules) corresponden a coordenadas de cromaticidad y H° tono. Se utilizaron las siguientes ecuaciones (2-4) [28].

Sistema CIELAB.
L*= 116*(Y/Yn)1/3-16.................(Ec.2)
a*=500[(X/Xn)$^{1/3}$-(Y/Yn)$^{1/3}$].........(Ec.3)
b*= 200[(Y/Yn)$^{1/3}$-(Z/Zn)$^{1/3}$].........(Ec.4)

Con estándares del modelo colorímetro Milton Roy. Xn = 95.05 Yn = 100 Zn = 100.91

2.6 Adsorción de rayos UV

Para la determinación de la adsorción de rayos UV de la muestra del biocomposito se utilizó un luxómetro modelo EA3O de la marca EXTECH INSTRUMENT para medir la cantidad de luz que atraviesa la muestra con una lámpara UV modelo UVLMS-38 de 8 vatios. Se sometió la muestra a diferentes longitudes de onda UV de 254, 302 y 365 nm que abarcaron el espectro de ese tipo de radiación (similar al los emitidos por las radiaciones solares), la muestra se colocó en medio de un portaobjeto (marca LEUKA de 26.4x76.2 mm con un espesor de 1.2 mm) y un cubreobjetos (marca Deltalab de 24x50 mm) con un grosor de 0.5 mm de tal manera que cubriera el detector del equipo con una distancia de 24 centímetros de la lámpara de luz UV en el interior de una caja para eliminar el ruido del exterior.

2.7 Biocompatibilidad in vitro

Se usaron dos tipos de líneas celulares: una, de fibroblastos y, la otra, de queratinocitos; ambas células epidermales. Las cuales se cultivarán en medio Dulbecco con antibiótico, factores de crecimiento y suero fetal bobino al 10 % definidos para cada línea celular. Se harán subcultivos en cajas de 24 pozos con una de densidad de $10x10^3$ células para su evaluación de citotoxicidad con sulforodamina B la cual se evaluará por espectrofotometría a una longitud de onda de 570nm en un lector de ELISA Synergy2 con el programa Gen5 Data Analysis Subcultivos.

Se acondicionan los reactivos a utilizar media hora antes de usar a baño maría a 37 °C, se esteriliza campana de flujo laminar por 30 minutos en luz UV. Se limpian con sanitas y etanol al 70 % los reactivos y equipos a utilizar para llevar a cabo el subcultivo. Se sacan las cajas Petri con células de la incubadora y se observan en el microscopio para observar asegurar que tengan una confluencia mayor al 90 % y se realiza un registro fotográfico para el seguimiento de la morfología celular de la propagación. Se introducen las cajas Petri de las células y se les retira el medio de cultivo mediante una pipeta Pasteur y una bomba de vacío teniendo cuidado de no rasgar la monocapa formada por las células; se le agregan 8 ml de medio Dulbeco/F12 para realizar un lavado para eliminar restos celulares y volver a retirar el medio con la pipeta Pasteur; se agregan 2 ml de tripsiana al

0.25 % e incubar por 5 minutos para despegar las células de la caja; se inactiva la tripsina con 2 ml de medio de inactivación; se disgregan las células mediante una micropipeta de 1 ml aspirando y vertiendo el medio por toda la caja este paso se repite unas 30 veces; se transfieren las células a un tubo Falcón de 15 ml y se centrifuga a 400 g durante 5 min a 24 °C; se retira el sobrenadante teniendo cuidado de no tomar el pellet (pastilla celular) y se resuspende de 1 a 3 ml dependiendo del tamaño del pellet y se dispersa el pellet con una pipeta de 1 ml.

2.8 Conteo celular

Se colocó en un tubo Eppendorf (0.5 ml) 10 µl de azul de triptófano 0.4 % y 10 µl de medio con células resuspendidas y se mezcló por unas 10 veces; se colocaron 10 µl de la mezcla en una cámara de Neubahuer para realizar el conteo.

Las células vivas se vieron redondas mientras que las muertas eran azules, después de contar los cuadrantes, el número de células vivas se determinó mediante la siguiente Ecuación (Ec. 5):

$$\text{Células vivas totales} = \frac{(\text{Sumatoria células vivas})(20000)(\text{vol.de medio usado})}{5}$$

….(Ec.5)

Se calculó la cantidad de células necesarias y medio para subcultivar fibroblastos (Para 50 ml de medio Dulbeco's modified Eagle's médium Ham's F12 nutrient mixture con 43.95 ml a 4 °C, Suero fetal bovino 10 % 5 ml, Antibiotic-antimicotico Penicilina: 100 µg/µl, Estreptomicina: 100 µg/µl, Fungizona: 0.25 µg/µl -20 ° 500 µl, Piruvato sódico 500 µl y glutamax 500 µl a 4 °C.

Como medio de inactivación: Dulbeco's modified Eagle's médium Ham's F12 nutrient mixture 1x a 4 °C en 45 ml, Suero fetal bovino 10 % 5 ml, Tripcina 0.25 % para 10 ml, Tripcina 2.5 % -20 °C 1 ml) en la caja de 24 pozos (500 µl por pozo) para incubar a 37 °C en una atmosfera de CO_2 al 5 % y llevó a cabo la evaluación citotóxica con sulforodamida B.

2.9 Evaluación citotóxica

Tras haber transcurrido 24 horas se tomó registro fotográfico de las células de las placas y se retiró el medio agitando enérgicamente la caja en una sola dirección solo una vez; se fijaron las células colocando por capilaridad a cada pozo 500 µl de ácido tricloroacético al 10 % y se dejó reposar por una hora a 4 °C; transcurrido el tiempo de fijación se realizaron 5 lavados con 500 µl de agua destilada a 4 °C; al finalizar el lavado se dejó secar a temperatura ambiente durante toda la noche; pasado el tiempo de secado se colocaron 200 µl de sulforodamida B y se dejó reposar por 30 minutos a temperatura ambiente; posteriormente, se realizaron cinco lavados con 500 µl de ácido acético al 1 %; al término de los lavados se colocó la placa boca abajo sobre una toalla de papel para retirar el resto del líquido y se colocó en la campana de extracción para secar durante una hora y media.

Por último, se agregaron 200 µl de tris-Base (10 Mm, pH 10) por pozo para solubilizar el colorante y se midió densidad óptica a 570 nm utilizando el lector de placas ELISA, para determinar el porcentaje de citotoxicidad, mediante la siguiente Ecuación (Ec. 6):

$$\% \text{ de citotoxicidad} = \left[\frac{(DO \text{ células tratadas}) - (DO \text{ día cero})}{(DO \text{ células sin tratamiento}) - (DO \text{ día cero})} * 100 \right]$$

.....(Ec.6)

Este ensayo midió la cantidad de SRB fijada a las proteínas celulares en placas de cultivo previamente fijadas con ácido tricloroacético. Dado que la unión de la SRB es estequiométrica, la densidad óptica que se observó fue proporcional a la masa celular [29].

3. Resultados

Se hizo la determinación química de los componentes presentes en el mucílago de *Aloe vera* liofilizado, para lo cual se obtuvo en una mayor proporción carbohidratos (60.78 %), de acuerdo con lo esperado. Así como una gran proporción de minerales (Tabla 1).

Tabla 1. Caracterización fisicoquímica del *aloe barbadensis* miller.

Determinación química *Aloe Barbadensis* Miller	
humedad	9.19931054
cenizas	22.3829179
lipidos	4.2647776
proteina	3.4242773
carbohidratos	60.7287166

Los azúcares disueltos que se pudieron observar por el RF de las bandas en la Figura 1, obtenidas de la muestra, con respecto a los estándares, fueron glucosa, rhamnosa y ácidos poligalacturónicos. Se hace notar que se está corriendo una placa con hidrolizados del mucílago para detectar la presencia del resto de los estándares.

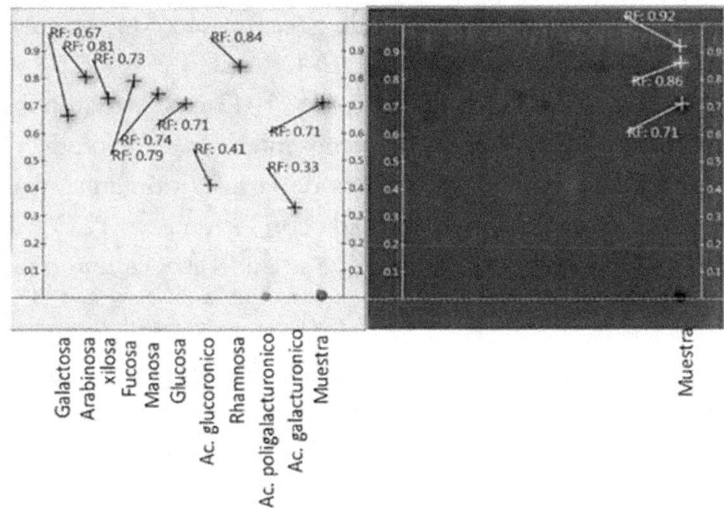

Figura 1. Azúcares encontrados en el mucilago por medio de una placa de cromatografía en capa fina.

A su vez se utilizó el densitómetro de HPTLC marca CAMAG, Suiza, para comparar las bandas de los estándares con el barrido de los hidrolizados.

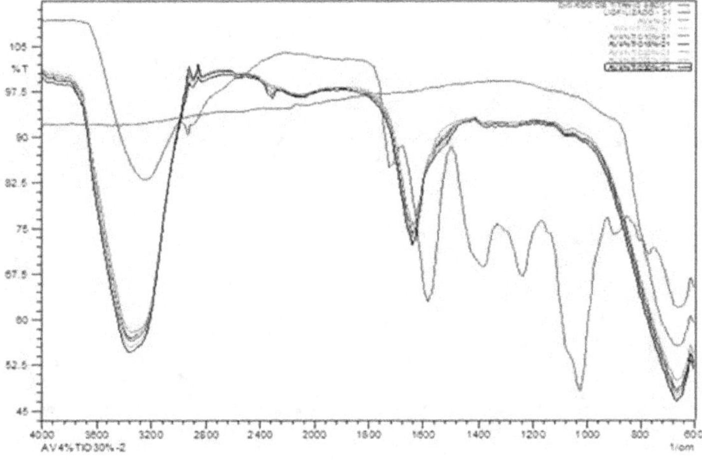

Figura 2. Espectros de geles de aloe vera con dióxido de titanio a diferentes concentraciones.

Con respeto a los espectros de FTIR (Figura 2) se observaron absorciones características para grupos OH (alcohólicos, ácidos y/o fenólicos) entre 3550 y 3200 cm-1, señal un poco desplazada con respecto a los OH libres (3650-3584 cm^{-1}), para grupos carbonilo se observan en la región de 1870 y 1540 cm^{-1} que podrían corresponder a grupos carbonilo de: cetonas, aldehídos, ácidos o ésteres [30], de entre los cuales destacó el de ácido galacturónico que se encuentra 1745 cm^{-1}, glucomananos 1720 cm^{-1}, grupos C-O-C Y CH3 (1407 cm^{-1} y 1254 cm^{-1}) [31], residuos de monosacáridos (1070 cm^{-1} - 1043 cm^{-1}), rhamnogalacturanos (1100 cm^{-1} -1017 cm^{-1}) [12]. Los picos representativos del dióxido de titanio se encontraron uno a 511 cm-1 característica de la fase inorgánica presente en la muestra y concretamente estaría relacionada con los enlaces Ti-O y Ti-OH, otra banda localizada (400 y 650 cm^{-1}), banda que se pudo asociar a uno de los modos vibracionales del Ti-O [16].

Como se puede observar en las imágenes (Figura 3), el aumento de la presencia de nanopartículas de dióxido de titanio por la concentración de dióxido de titanio se destacó la formación de aglomerados de las partículas debido a que su interacción se ve incrementada por la concentración, notándose a pesar de ello una distribución homogénea en el gel.

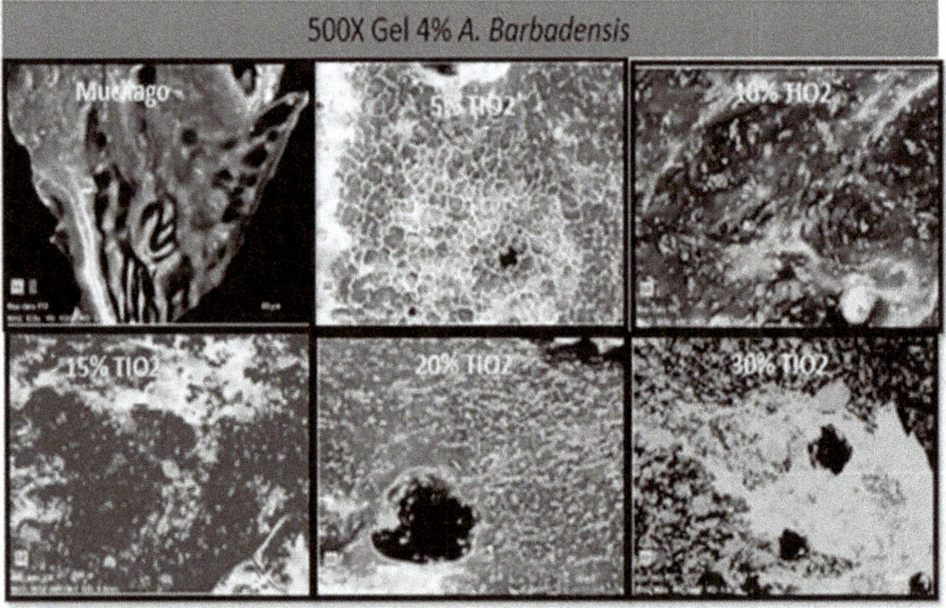

Figura 3. Identificación de dióxido de titanio mediante de rayos X con microscopia electrónica de barrido.

Como se pudo observar en las micrografías de liofilizados de los geles se notó una superficie rugosa con poca presencia de poros y conforme se fue aumentando la concentración de dióxido de titanio se incrementó la cantidad de poros; con el análisis de rayos X se identificó la presencia de dióxido de titanio en el gel, así como su distribución.

Como se pudo observar en las gráficas a longitudes de ondas de 366 a 254 (Figuras 4 y 5) que cubren los extremos del espectro de luz UV, se observó que por sí solo los geles mucílago son capaces de impedir el paso de rayos UV que va desde un 30 % un 40 % con respecto a la concentración de mucílago que va de un 4 a 6 %, respectivamente.

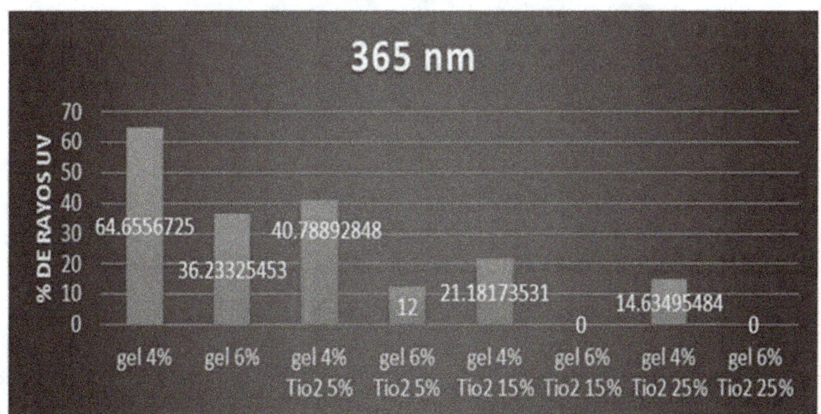

Figura 4. Porcentaje de adsorción de rayos UV a 366 nm.

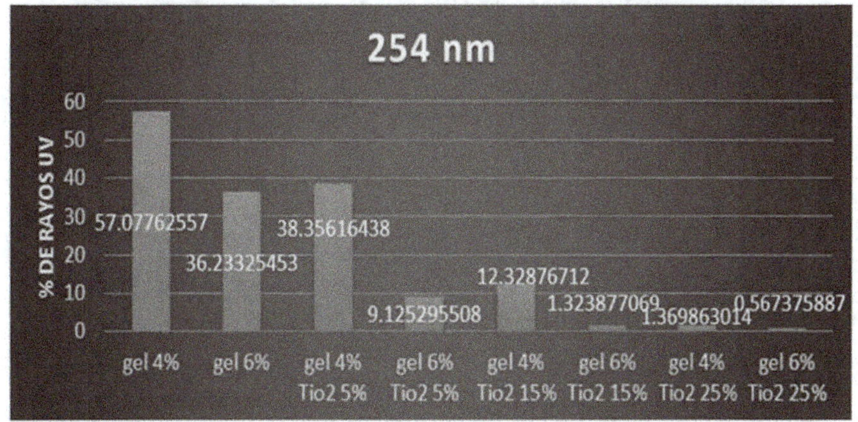

Figura 5. Porcentaje de adsorción de rayos UV a 254 nm.

Al incrementarse la cantidad de partículas de dióxido de titanio el paso de rayos se vio disminuido hasta en un 98 % y 99 % con respecto a la concentración de mucílago a una longitud de onda de 254 nm, en un 85 y 100 % en la longitud de onda de 366 nm.

Se evaluaron los geles de mucílago al 4 % con y sin partículas de TiO_2. Como se muestra en la Figura 6, no se observó visualmente un efecto citotóxico con el gel puro después de una hora de incubación, ya que las células permanecen pegadas a la superficie de la placa y con una morfología alargada.

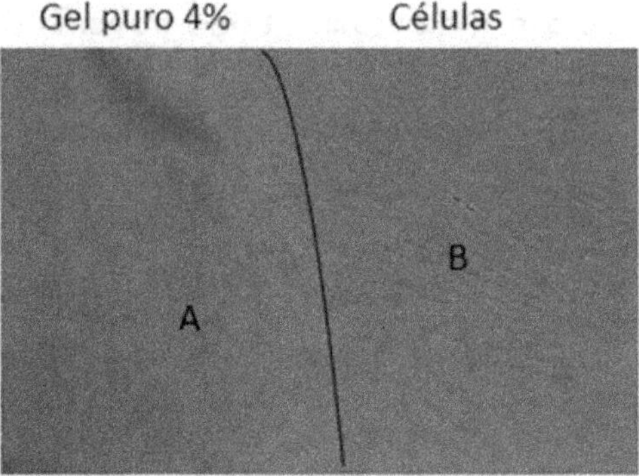

Figura 6. Tratamiento con gel A) Células cubiertas con gel al 4 % aloe vera B) Monocapa de células.

De lo contrario, a partir de las 24 horas se observó un desprendimiento de las células y tomarían una forma circular y flotaría en el medio, se cuantificó este efecto mediante una evaluación de sulforodamida B durante 24 horas de exposición, con los resultados mostrados en la Figura 7:

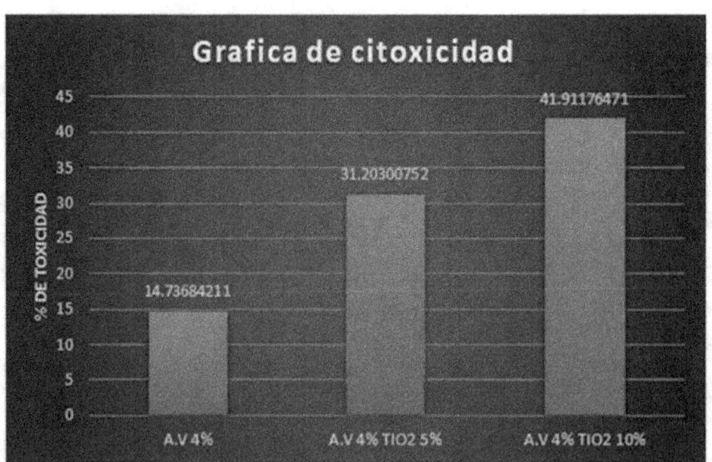

Figura 7. Efecto citotóxico con respeto a la concentración de TiO_2.

Como se puede apreciar, se cuantificó (Figura 7) un efecto citotóxico que se va incrementando conforme se aumenta la concentración de dióxido de titanio; se obtuvo que el gel sin partículas de dióxido de titanio tuvo un efecto citotóxico, lo cual puede deberse que al retirar el gel de la placa se haya llevado junto con el gel cierta cantidad de células, ya que se cubrió completamente los pozos con el gel y éste se retiró para su tratamiento con sulforodamida B. Se planteó solamente usar 150 µl de gel por pozo para evitar el arrastre de las células y así evitar un falso negativo.

4. Conclusión

El Gel de Aloe fue un vehículo seguro y compatible para acarrear nanopartículas de Dióxido de Titanio a la piel. Sin embargo, dada la fuerte reticulación de este Gel principalmente constituido por Xilanas, fue necesario definir una cantidad menor a la prevista para formar la matriz (biocomposito nanoestructurado). Por otro lado, fue evidente que al aumentar la concentración de nanopartículas, que aunque se distribuyeron homogéneamente, se dio lugar a la formación de aglomerados que cambiaron físicamente el color del compósito.

Finalmente, el efecto de absorción de rayos UV se presentó en una relación exponencial con respecto a la concentración de nanopartículas utilizadas. Además del aumento en la citotoxicidad de las nanopartículas en los cultivos de células a altas concentraciones en el sistema *in vitro*.

El principal impacto de este trabajo lo constituyó la generación de conocimiento de la relación existente entre la conformación de biocompósitos, su caracterización y las pruebas de biocompatibilidad ante radiaciones UV. Lo que dio como resultado un sistema seguro para el manejo de nanopartículas de dióxido de titanio al contacto con la piel en posible uso como bloqueador solar del gel de *Aloe vera*.

Referencias

1.   Arroyo, K. (2009). *Biocompósitos de almidón termoplástico con microfibras de celulosa*. Tesis de Doctorado, IPN, Altamira, Tamps. México, 2009.

2.   Pilato, L. A., & Michno, M. J. (1994). *Advanced composite materials*. New York, Springer Science & Business Media. https://doi.org/10.1007/978-3-662-35356-1

3.   Soulestin, J., Quiévy, N., Sclavons, M., & Devaux, J. (2007). Polyolefins-biofibre composites: A new way for an industrial production. *Polymer Engineering & Science*, 47(4), 467-476. https://doi.org/10.1002/pen.20706

4.   Borschiver, S., Almeida, L. F., & Roitman, T. (2008). Monitoramento tecnológico e mercadológico de biopolímeros. *Polímeros: Ciência e Tecnologia,*18(3), 256-261. https://doi.org/10.1590/S0104-14282008000300012

5.   Villada, H. S., Acosta, H. A., & Velasco, R. J. (2007). Biopolímeros naturales usados en empaques biodegradables. *Temas agrarios*, 12(2). https://doi.org/10.21897/rta.v12i2.652

6.   Grindlay, D., & Reynolds, T. (1986). The Aloe vera phenomenon: a review of the properties and modern uses of the leaf parenchyma gel. *Journal Ethnopharmacol.*, 16, 117-151. https://doi.org/10.1016/0378-8741(86)90085-1

7.   Eshun, K., & He, Q. (2004). Aloe vera: A valuable ingredient for the food, pharmaceutical and cosmetic industries-a review. *Critical reviews in food science and nutrition*, 44(2), 91-96. https://doi.org/10.1080/10408690490424694

8.   Femenia, A., Sánchez., E. S., Simal, S., & Rosselló, C. (1999). Compositional features of polysaccharides from Aloe vera (Aloe barbadensis Miller) plant tissues. *Carbohydrate polymers*, 39(2), 109-117. https://doi.org/10.1016/S0144-8617(98)00163-5

9.   Lobo, R., Prabhu, K. S., Shirwaikar, A., Ballal, M., Balachandran, C., & Shirwaikar, A. (2010). A HPTLC densitometric method for the determination of aloeverose in Aloe vera gel. *Fitoterapia*, 81(4), 231-233. https://doi.org/10.1016/j.fitote.2009.09.001

10. Mejía-Terán, A. L. (2012). *Efecto de la deshidratación por radiación infrarroja sobre algunas características fisicoquímicas de interés comercial del Aloe Vera (aole barbadensis).* Tesis Maestría, Unisabana, Colombia.

11. Domínguez-Fernández, R. N., Arzate-Vazquez, I., Chanona-Perez, J. J., Welti-Chanes, J. S., Alvarado-González, J. S., Calderon-Dominguez, G., & Gutierrez-Lopez, G. F. (2012). El gel de Aloe vera: estructura, composición química, procesamiento, actividad biológica e importancia en la industria farmacéutica y alimentaria. *Revista mexicana de ingeniería química*, 11(1), 23-43.

12. Chun-hui, L., Chang-hai, W., Zhi-liang, X., & Yi, W. (2007). Isolation, chemical characterization and antioxidant activities of" two polysaccharides from the gel and the skin of Aloe barbadensis Miller irrigated with sea water. *Process Biochemistry*, 42(6), 961-970. https://doi.org/10.1016/j.procbio.2007.03.004

13. Galleguillos, M. A., & Da Silva, R. F. (2013). Aplicación terapéutica del Aloe vera L. en Odontología. *Autoridades de la facultad de ciencias de la salud*, 33.

14. Parra, R., Góes, M. S., Castro, M. S., Longo, E., Bueno, P.R., & Varela, J. A. (2007). Reaction pathway to the synthesis of anatase via the chemical modification of titanium isopropoxide with acetic acid. *Chemistry of Materials*, 20(1), 143-150. https://doi.org/10.1021/cm702286e

15. Shi, Z., Niu, Y., Wang, Q., Shi, L., Guo, H., Liu, Y., & Zhang, R. (2015). Reduction of DNA damage induced by titanium dioxide nanoparticles through Nrf2 in vitro and in vivo. *Journal of hazardous materials*, 298, 310-319. https://doi.org/10.1016/j.jhazmat.2015.05.043

16. Urbano, M. A. V., Muñoz, Y. H. O., Fernández, Y. O., Mosquera, P., Páez, J. E. R., & Amado, R. J. C. (2011). Nanopartículas de TiO2, fase anatasa, sintetizadas por métodos químicos. *Ingeniería & Desarrollo. Universidad del Norte*, 29(2), 186-201.

17. Bet-moushoul, E., Mansourpanah, Y., Farhadi, K., & Tabatabaei, M. (2016). TiO 2 nanocomposite based polymeric membranes: a review on performance improvement for various applications in chemical engineering processes. *Chemical Engineering Journal*, 283, 29-46. https://doi.org/10.1016/j.cej.2015.06.124

18. Liu, Z., Zhang, M., Han, X., Xu, H., Zhang, B., Yu, Q., & Li, M. (2016). TiO 2 nanoparticles cause cell damage independent of apoptosis and autophagy by impairing the ROS-scavenging system in Pichia pastoris. *Chemico-biological interactions*, 252, 9-18. https://doi.org/10.1016/j.cbi.2016.03.029

19. Garzon, A., Aguirre, N., & Olaya, J. (2013). Estado del arte en biocompatibilidad de recubrimientos. *Visión Electrónica: algo más que un estado sólido*, 7(1), 160-177.

20. Williams, D. F. (2008). On the mechanics of biocompatibility", Biomaterials, 29, 2941-2953. https://doi.org/10.1016/j.biomaterials.2008.04.023

21. González-Púmariega, M., Tamayo, M. V., & Sánchez-Lamar, A. (2009). La radiación ultravioleta. Su efecto dañino y consecuencias para la salud humana. *Theoria*, 18(2), 69-80.

22. Rollano, F. (2003). Radiación Ultravioleta y la piel. *La radiación Ultravioleta en Bolivia*, 57-75.

23. Sordo, C., & Gutiérrez, C. (2013). Cáncer de piel y radiación solar: experiencia peruana en la prevención y detección temprana del cáncer de piel y melanoma. *Revista Peruana de Medicina Experimental y Salud Pública*, 30(1), 113-117. https://doi.org/10.1590/S1726-46342013000100021

24. Camacho, F. (2001). Antiguos y nuevos aspectos de fotoprotección. *Dermocosmética*, 4(7), 441-448.

25. Cázares, J. P. C., Álvarez, B. T., González G. V., & Pérez, A. E. (2013). Evaluación in vitro de la protección uva de los bloqueadores solares para prescripción en México. *Gaceta Médica de México*, 149, 292-8.

26. AOAC (2012). *Official Methods of analysis of the association of the official analytical chemists* (17th Ed). The Association, Arlington, Texas, Estados Unidos de América.

27. Mancialla-Margalli, N. A., & López, M. G. (2006). Water-soluble carbohydrates and fructan structure patterns from Agave and Dasylirion species. *Journal of Agricultural and Food Chemistry*, 54, 7832-7839. https://doi.org/10.1021/jf060354v

28. Artigas, J. M., Perea, P. C., & Ramo, J. P. (2002). *Tecnología del color* (58). Universitat de valencia, España.

29. Houghton, J. Morozov, A. Smirnova, I., & Wang, T. C. (2007). Stem cells and cancer. *Seminars in Cancer Biology*, 17(3), 191-203. Academic Press. https://doi.org/10.1016/j.semcancer.2006.04.003

30. León, E. A. V., Ibarra, J. R. V., Rosas., J. C., Mayorga, M. E. J., & Aldapa. C. A. G. (2015). Estudio de los extractos polares de Aloe vera con fines de microencapsulación. *Boletín de Ciencias Agropecuarias del ICAP*, 1(1). https://doi.org/10.29057/icap.v1i1.980

31. Ibargüen, Á. O., Magda Pinzón, F., & Arias, L. M. A. (2015). Elaboración y caracterización de películas comestibles a base del gel de aloe vera (Aloe barbadensis Miller L.). *Alimentos Hoy*, 23(36), 133-149.

Agradecimientos

Los autores agradecen el apoyo económico de los proyectos SIP del Instituto Politécnico Nacional y CONACyT CB y BEIFI - IPN por las becas otorgadas.

CONCLUSIONES Y RECOMENDACIONES

La tarea de la Red de Investigación en Nanociencias, Micro y Nanotecnologías (RNMN) del Instituto Politécnico Nacional (IPN), es dirigir e incrementar la investigación del IPN en estas áreas del conocimiento y estimular la cooperación entre la academia y la industria. A ocho años de su creación, la RNMN está integrada por 93 investigadores activos, de los cuales 79 pertenecen al Sistema Nacional de Investigadores; esto es, se cuenta con capital humano de alta calidad para soportar el programa de Doctorado en Red en Nanociencias, Micro y Nanotecnologías, de reciente creación. La Red busca elevar el nivel para competir internacionalmente con resultados de investigación, por lo que es necesario aumentar su productividad. Para ello, requiere organizarse como un consorcio que cuente con:

1) Un colegio académico virtual que opere en la sede del coordinador de la RNMN en turno, para atender a la demanda con calidad y pertinencia, así como los asuntos relacionados con la impartición de cursos y la administración del posgrado para alcanzar en el menor tiempo posible los estándares de los posgrados de nivel internacional.

2) Un Centro de Servicios en Nanociencias Micro y Nanotecnologías (CNMN) con laboratorios para dar servicio de caracterización de materiales y servicios para micro y nanofabricación de dispositivos micro-electromecánicos MEMS, los cuales deben de responder a las necesidades de investigadores y estudiantes de este consorcio.

3) Una convocatoria de la Secretaría de Investigación y Posgrado (SIP) del IPN, específica para la RNMNT y para proyectos de investigación, dirigida a

las cinco áreas de aplicación del Programa Especial de Ciencia, Tecnología e Innovación (PECITI) del Conacyt: Salud, Energía, Alimentos, Medioambiente y Seguridad.

4) Un modelo de inversión SIP-UPDCE para llevar los resultados de investigación relevantes, a juicio de la propia Red y de la SIP, a un nivel de prototipo 4 y 5 de la metodología *Technology Readiness Level* de la NASA, con un modelo serio de incubación de empresas de base tecnológica.

5) Canales de divulgación nacional; para que la sociedad sepa lo que hacen sus investigadores en estos campos del conocimiento.

6) Una reunión anual de la RNMN en la que participen todos los actores que juegan un papel en este consorcio para proponer proyectos, metas y alianzas, y revisar el trabajo realizado.

La ocurrencia de los seis puntos descritos anteriormente corresponde a responsabilidades de distintas unidades o dependencias de la estructura orgánica del IPN, por lo que es muy importante que el Fortalecimiento a las Redes de Investigación forme parte de un proyecto institucional que exija resultados concretos.

Dr. Marco A. Ramírez Salinas
Coordinador 2015-2017
RNMNT del IPN